Buch

Warum besitzt jeder von uns ein Wirecard-Gen? Was können wir von Joko Winterscheidt und Kevin Großkreutz übers Durchhalten lernen? Wieso kennt sich Christian Lindner so gut mit Dornen aus? Und weshalb wird in erfolgreichen Gründerstorys meist der Weg durch die Hölle ausgelassen?

Dieses Buch erzählt neben vielen positiven Geschichten aus dem Gründertum auch einiges über den wahrhaftigen Entrepreneurshit. Unverfälscht, unbekümmert, ungeprahlt, aber nicht unüberlegt. Angesprochen fühlen dürfen sich Humorfreunde, Unternehmer, Selbstständige, Angestellte mit unternehmerischem Gedankengut, Erfolgsmenschen und alle, die sich weiterentwickeln möchten. Und weil Vilfredo Pareto mächtig sauer wäre, wenn wir unsere kostbare Zeit mit dem Klappentext verschwenden würden, stürzen wir uns jetzt mit höchster Effizienz ins Leseabenteuer.

Daniel Weiner

Jahrgang 1988. Studierte von 2008-2016 Wirtschaftsingenieurwesen mit der Fachrichtung Maschinenbau an der Uni Paderborn. Den Master schloss er noch ab, obwohl er bereits 2013 die Firma *StudyHelp* gründete, in der er bis heute Geschäftsführer ist. Seit 2018 ist er Vorstandsmitglied des Fußball-Regionalligisten *Rot Weiss Ahlen*, zudem als Business Angel, Speaker und Berater tätig und außerdem Board Member der *Entrepreneurs' Organization* sowie Organisator des *GSEA*-Events: **www.danielweiner.de**

Christian Gaschler

Jahrgang 1986. Studierte von 2007-2013 ebenfalls Wirtschaftsingenieurwesen mit der Fachrichtung Maschinenbau an der Uni Paderborn. Daraufhin arbeitete er fünf Jahre lang im Vertrieb eines Herstellers von Blindnieten (ja, so etwas gibt es wirklich), bis er sich 2018 als Immobilieninvestor selbstständig machte. Seit 2020 ist er Autor und schreibt vor allem über die deutsche Sprache: **www.christiangaschler.de**

Website von Daniel Weiner

Website von Christian Gaschler

Entrepreneur*shit*

So präsentiert sich wahres
Unternehmertum:
Ideen, Denkanstöße und
Fuckups, die du nicht auf
Gründerszene liest.

Daniel Weiner

mit Christian Gaschler

Impressum

Copyright © 2021 Forward Verlag
StudyHelp GmbH, Paderborn
www.studyhelp.de

3. Auflage

Idee und Inhalt: Daniel Weiner
Autor: Christian Gaschler

Redaktion & Satz: Carlo Oberkönig, Christian Gaschler
Illustration und Umschlaggestaltung: Emmylou Unger, Maximilian Fleitmann
Kontakt: forwardverlag@studyhelp.de

ISBN 978-3-947506-69-9

Inhalt

Eine kurze Geschichte der Motivation

»Daniel Weiner ist so wahnsinnig, der verkauft Produkte, die es noch gar nicht gibt! Wir haben Kurse in 200 Standorten angeboten, für die es anfangs weder Kursleiter, Skripte noch Räume gab. Sein Motto: Sofern genügend Cash reinkommt, kann man anschließend jedes Problem lösen.«
Maximilian Fleitmann, Mitgründer von *StudyHelp*

»Für Daniel Weiner ist ein *Nein* nur ein weiterer Schritt zum *Ja.* Diese Verbissenheit zeichnet ihn aus, und damit motiviert er nicht nur unsere Mitarbeiter, sondern ebenso seine Mitgesellschafter.«
Carlo Oberkönig, Mitgründer von *StudyHelp*

Wie würdest du Kontakt zu einem Prominenten[*] aufnehmen? Also nicht zu solchen »Promis«, die sich in der südlichen Hemisphäre eimerweise Spinnen über den Kopf kippen lassen und an Känguruhoden knabbern, weil sie vor langer Zeit mal halbwegs berühmt waren, zwischenzeitlich aber ihre »verdiente« Kohle vollständig verballert haben und jetzt für Nachschub ganz offensichtlich alles machen würden. Sondern ich meine den Kontakt zu richtigen Promis. Wie ich im Jahr 2016 erfahren durfte, ist ein solches Unterfangen trotz heutiger Social-Media-Möglichkeiten gar nicht so einfach.

---

[*] Der Leserlichkeit wegen verwenden wir meistens die maskuline Form. Dennoch dürfen und sollten sich stets alle Geschlechter angesprochen fühlen.

Da gab es ein Paderborner Unternehmen namens *StudyHelp*, das zwar schon eine kleine lokale Bekanntheit im Bildungsbereich war, das über die Gemeindegrenze hinaus aber kaum jemand kannte. Daran müsse schleunigst etwas geändert werden, empfanden seine Gründer. Na ja, zumindest war es die größenwahnsinnige Idee von einem der Gründer, dass die deutsche Prominenz bei der Steigerung des Bekanntheitsgrades helfen oder zumindest für vorübergehendes Aufsehen sorge könne. Immerhin gehe es ja um eine wichtige Sache: die Bildung in Deutschland! Dafür ließen sich mit Sicherheit ein paar Sympathisanten gewinnen.

Erinnerst du dich an die beiden holländischen Rapper *Lil Kleine* und *Ronnie Flex*, die 2016 das Musikvideo »Stoff & Schnaps« herausbrachten? Das Video wurde 48 Millionen Mal geklickt – Stand: Mai 2021. Die inhaltliche Tiefe entspricht in etwa der eines ausgetrockneten Salzsees. Im Prinzip geht es darum, dass die beiden Rapper angeblich zeitlich sehr flexibel seien und sehr gern vorbeikämen, wenn »deine Alte chillen« wolle. Sie würden dann »Stoff, Schnaps und Bock« mitbringen. Wohin das führen soll, wird dem Zuschauer relativ schnell klar; nicht zuletzt wegen der lasziven Blicke einer immer wieder eingeblendeten Tänzerin im Leopardenoutfit und Drogen verherrlichender Statements wie: »Wir sagen ja zu MDMA.« Damit zählt das Video zwar nicht zu den pädagogisch wertvollsten, ist aber allein schon wegen der übertriebenen Darstellung durchaus witzig. Außerdem ist der Beat ohrwurmverdächtig.

Den pädagogischen Wert stellten wahrscheinlich auch *Joko Winterscheidt*, *Klaas Heufer-Umlauf* und *Palina Rojinski* in Frage, die im selben Jahr eine gelungene Persiflage mit dem Titel »Stift & Block« veröffentlichten, und zwar unter den Pseudonymen *Lil' Klaas & Joko Flex*. Ich war begeistert, als ich das Video zum ersten Mal sah. Mit holländischem Akzent animierten sie dazu, sich mehr mit Mathe, Physik und Deutsch und weniger mit MDMA auseinanderzusetzen. Sie kämen zwar auch gern bei »deiner Alten« vorbei, allerdings mit der Absicht, ihr Nachhilfe und nicht, um ihr unter Drogeneinfluss »es« zu geben.

Und nachdem sich mein Zwerchfell wieder beruhigt hatte, war mir sofort klar, dass ich Kontakt zu Joko & Klaas aufnehmen müsste, da das Video und die ganze Aktion mega zu unserem Business Model passte. Unmittelbar rief ich gedanklich den *StudyHelp Bildungsaward* ins Leben, der die beiden für ihren modernen Bildungsansatz angemessen ehren sollte. Selbstverständlich auch mit dem Hintergedanken, etwas PR-Arbeit für unsere Marke zu leisten. Mein Team empfing mich, der völlig euphorisiert von der Idee war, nicht gerade mit offenen Armen, sondern eher mit einer großen Portion Skepsis: »Du willst Joko & Klaas einen Bildungsaward verleihen? Ähm, okaaay. Nette Idee, aber wie willst du an die herankommen, und was soll uns das überhaupt bringen?«

Was uns das bringen solle, war leicht erklärt. Aber der andere Einwand war tatsächlich berechtigt. War mein Vorhaben zum Scheitern verurteilt? Mein Team schaffte es, diese verdammte Spaßbremsenstimme in meinem Gehirn zu aktivieren, von der jeder irgendwann belästigt wird. Vornehmlich dann, wenn die Wohlfühlzone verlassen werden muss, aber dazu kommen wir später noch. Ich sagte der Stimme, sie solle bloß den Rand halten, weil sie den unternehmungslustigen Teil meines Gehirns beleidige. Meinem Team sagte ich das natürlich mit netteren Worten und vereinbarte folgenden Kompromiss: Wir würden unser Vorhaben in einen prägnanten Facebook-Post umwandeln und abhängig vom digitalen Zuspruch weitersehen.

Das Mindestmaß hierfür setzten wir bei 1.000 Likes an. Sollte diese Marke überschritten werden, bekämen Joko & Klaas den Award verliehen, den es zu diesem Zeitpunkt nur in meiner Fantasie gab. Damit waren alle einverstanden.

Um auf diese Anzahl von Likes zu kommen, versuchte ich so gut wie jeden aus meinem Bekanntenkreis von der Idee zu überzeugen. Doch das reichte bei weitem nicht. Also leitete ich Phase zwei ein und verschenkte *effect*-Energiedrinks* vor der Bibliothek der Uni Paderborn. Diese Drinks sind die Ambrosia müder Studierender, denn sie reduzieren die Gefahr, in intensiven Lernphasen auf den Tischen einzupennen. Als kleine Gegenleistung bat ich die nun durch Koffein und Zucker gefügig gemachten Wesen um Likes und Kommentare. Die Maßnahmen zeigten schnell Wirkung, der mediale Rückhalt war plötzlich da und deutlich größer als vermutet. Obwohl ich zugeben muss, dass einige Studierende unseren Post nach Abklingen ihres Koffeinrausches wieder *entlikten*. Doch das demotivierte mich nicht.

Nach gut einer Woche kamen über 2.000 Likes zusammen, was definitiv dazu beitrug, dass mein Team mich und meine Idee für erheblich weniger geistesgestört hielt. Die Spaßbremsenstimme war längst verstummt, sie wich der Übermutsstimme: »Na dann lass uns die beiden Prosieben-Paradiesvögel mal akquirieren, das wird doch 'n Klacks.« Eine sehr irreführende Eigenschaft der inneren Stimme ist leider, dass ihre Haltung sekündlich umschlagen kann. Und genau das war auch der Fall, als sie mich eine Stunde später fragte, wie zum

---

* An dieser Stelle möchte ich betonen, dass ich keinen finanziellen Nutzen von dieser Werbung habe. Aber vielleicht bekomme ich so endlich mal einen Termin bei Herrn H., dem Geschäftsführer der MBG Group. Der ist nämlich mindestens genauso schwierig zu erreichen wie Joko & Klaas.

Teufel ich nun zu Joko & Klaas durchdringen wolle. Die beiden befinden sich hinter meterdicken digitalen Mauern, bewacht von Managern, Anwälten, Social-Media-Beratern und sonstigen Konsorten, damit sie nicht von jeder Luftpumpe mit einer größenwahnwitzigen Idee von der Arbeit abgelenkt werden. Ob ich darüber schon nachgedacht hätte, wollte sie wissen. Nicht das schlechteste Argument, zugegeben.

Meine ersten Versuche des Kontaktaufbaus scheiterten wie erwartet kläglich. Das Management ignorierte mich, und als es mir dann doch antwortete, verwies es darauf, dass ich mich doch bitte an das Management von *Circus Halligalli* wenden möge. »Im Showbiz arbeiten echt nur Ignoranten, oder?«, äußerte sich die nun verständnisvolle Stimme. Nach Einschätzung meines Teams war diese spektakuläre Resonanz das eindeutige Zeichen, es gut sein zu lassen. Aber das war völlig indiskutabel. Zu sehr hatte ich mich an der Vorstellung festgebissen und sah mich vor meinem geistigen Auge sogar schon bei der persönlichen Überreichung des Awards. Falls alle Stricke reißen sollten, dann müsste ich mir eben Tickets für *Circus HalliGalli* besorgen und die Bühne während einer Show stürmen, um den beiden den Preis quasi aufzuzwingen. Plan B stand also, jetzt musste ich noch *etwas* an Plan A feilen.

Und dann kam mir der entscheidende Gedanke. Joko & Klaas waren einige Jahre zuvor in einer sehr ähnlichen Situation gewesen. Sie hatten 2013 dem Fußballspieler Kevin Großkreutz den *Goldenen Umberto* verleihen wollen. Das war ein von den beiden Komödianten ins Leben gerufener Negativpreis für besonders schlechte Schauspielleistungen, der laut eigenen Angaben so etwas wie »der Grimme-Preis für die Straße« ist. Kevin hatte sich diese Ehrung für seine

Performance in einer Mentos-Werbung und den frischen Satz »Da bleibt man die komplette Halbzeit mit cool!« verdient.[1]

Seine Freude über diese Ehrung hielt sich in Grenzen. Vermutlich, weil Joko als Jürgen Klopp verkleidet vor dem BVB-Trainingsgelände lauerte und Kevin auf diese hinterhältige Weise den Preis zu überreichen versuchte, was aber missglückte, weil Jokos Tarnung binnen Sekunden aufflog, woraufhin der verschreckte Kevin mit quietschenden Reifen flüchtete. Vielleicht lag es aber auch daran, dass Joko danach immer noch nicht lockerließ, den BVB-Bus bis zum Dortmunder Flughafen eskortierte (die Mannschaft war auf dem Weg nach Marseille zu einem Championsleague-Vorrundenspiel) und Kevin schließlich den Goldenen Umberto am Flughafeneingang gerade so noch überreichte, kurz bevor er in einem Airbus endgültig davonkommen konnte. Tja, vielleicht hatte Kevin deshalb nur ein gezwungenes Lächeln für die Ehrung übrig.

Das war der Aufhänger, den ich brauchte! Genau darauf müsste ich Bezug nehmen, damit würde ich die schützenden Mauern um die beiden *Wenn-ich-du-wäre*-Spezialisten schon irgendwie durchbrechen können. Und falls doch nicht, war soeben Plan C geboren. Denn wie der Zufall es will, kenne ich Kevin. Er spielte früher für meinen Lieblingsverein Rot Weiss Ahlen und hätte sich sicher gern bei Joko & Klaas für die Nummer revanchiert.

Links (2009): *Feier des Klassenerhalts der 2. Mannschaft von Rot Weiss Ahlen. Während die meisten im Urlaub waren, verhalf Kevin uns zum Sieg. Verdientes Bier!*
Rechts (2013): *Wieder Kevin und ich. Dieses Mal nüchterner.*

Aber zurück zu Plan A. Mein angepasster Text, in dem ich nun intensiv auf den Goldenen Umberto und Kevin einging, wurde erneut durch verschiedene soziale Plattformen gejagt, bis mir endlich ein Redakteur von Circus Halligalli bei Xing antwortete. Der fand die Idee des Bildungsawards cool und wollte unbedingt mehr Informationen darüber haben. Leider Fluch und Segen zugleich, da bisher weder eine Website existierte noch sonst irgendwelche vertrauensbildenden Maßnahmen durchgeführt wurden, die meine euphorische Nachricht vom Verdacht eines Spleens freigesprochen hätten. Spätestens an dieser Stelle hätten vermutlich 99% die Sache ad acta gelegt, weil ihre Lust gegen null gegangen wäre, sich irgendwelche Eckdaten über einen fiktiven Award aus den Fingern zu saugen, der *möglicherweise* von Joko & Klaas angenommen wird und der *vielleicht* einen positiven Effekt auf unseren Markenwert hätte. Alles sehr spekulativ, aber wir blieben dran.

15

Wir entschieden uns dazu, mit einfachen Mitteln eine Website aufzubauen, die das Thema einigermaßen seriös darstellen sollte. Nachdem der Redakteur erst einen Monat auf meine Antwort warten musste, bis wir die Website erstellt hatten, vertrösteten wir ihn daraufhin zwei weitere Monate, weil die Produktion des Preises so lange dauerte. Doch passend zum Weihnachtsfest 2016 war es dann so weit. Der Award war kein Hirngespinst mehr, sondern real und haptisch erlebbar, wie dir das folgende Foto beweist. Und nein, es handelt sich um keine Fotomontage.

2016: Da freut sich aber jemand über sein Weihnachtsgeschenk.

Was meinst du: Hat sich der ganze Shit für uns gelohnt? Ich würde mal sagen: Ja! Seitdem verleihen wir den Bildungsaward nämlich jährlich an jene Prominente, die aus unserer Sicht einen positiven Beitrag zur deutschen Bildung leisten. Zu den Gewinnern zählten zum *Beispiel Bülent Ceylan* (2017), *Mirko Drotschmann* (2018) sowie *Lisa*

Ruhfus und *Mario Götze* (2019). Dass dieser Trubel auch uns zu mehr Bekanntheit verhalf, dürfte offensichtlich sein. Jedenfalls fing alles mit Joko & Klaas an, und diese Aktion ist meine persönliche Lieblingsgeschichte zum Thema *Durchhaltevermögen*. Denn sie beweist, dass man (fast) alles erreichen kann, was man sich in den Kopf gesetzt hat, wenn man nur verbissen genug dranbleibt!

Daniel Weiner
Paderborn, Mai 2021

Lil Kleine & Ronnie Flex:
»Stoff & Schnaps«

Lil' Klaas & Joko Flex:
»Stift & Block«

Der Goldene Umberto
für Kevin Großkreutz

17

Das richtige Vorwort, das eh keiner liest

Von Christian Gaschler

In den späten 2000er und frühen 2010er Jahren gab es an der Universität Paderborn zwei sich feindlich gesinnte Cliquen. Dabei handelte sich um keine »schlagenden« Studentenverbindungen, die alte Traditionen pflegten und sich in besonders harten Fällen sogar mit Degen oder Säbel ausgestattet im Zweikampf maßen; auch unter einer *Mensur* bekannt. Sondern es waren vielmehr zwei Cliquen, die sich donnerstags auf Unipartys über den Weg liefen und deren Zweikämpfe Wortgefechte waren. In denen wurde gemessen, wer die besseren Noten schrieb und dafür am wenigsten lernen musste – kurzum: wer dümmer war –, wer am längsten auf der Party (wach) blieb, wer beim Herumhampeln auf der klebrigen Tanzfläche die beste Figur abgab und gleichzeitig am wenigsten von seinem Getränk verschüttete und zu guter Letzt: wer ganz allgemein der Geilste war und am besten in der Damenwelt ankam.

Die Phantasie war damals von anderen Studenten reserviert, weshalb die Cliquen so geistreiche Namen hatten wie *PPC*, Kurzform für *Paderborner Party Crew*, und *Wing UPB*, Kurzform für *Wirtschaftsingenieure Universität Paderborn*. Zwei Lager, wie sie antagonistischer nicht sein konnten.

Jedenfalls gehörte Dan der PPC und ich der Wing UPB an, weshalb wir uns gemäß Cliquencredo gefälligst zu hassen hatten und höchstens als »Schläfer« ins feindliche Lager übersetzen, aber keinesfalls befreundet sein durften. Übrigens ist »Dan« ein Pseudonym, unter dem sein Urheber in Partykreisen verkehrte, während »Daniel« der notwendigen Seriosität wegen für die Geschäftswelt vorgesehen war. An sich eine gute Idee. Blöd nur, dass sich auch dort schnell »Dan« durchsetzte. Vielleicht, weil es einprägsamer war, vermutlich aber, weil eine Abkürzung grundsätzlich kein Pseudonym ist und ihr ergo das Alleinstellungsmerkmal fehlt. Wie dem auch sei, es war »Dans« Entscheidung.

Doch zurück zum Cliquenkrieg: Zum Glück erkannten wir irgendwann, dass fiktive Grenzen uns nicht daran hindern sollten, miteinander befreundet zu sein, da wir einiges gemeinsam hatten und haben. Zum Beispiel sind wir beide größenwahnsinnig, äußerst begeisterungsfähig und preschen mit einer Idee lieber erst mal nach vorn, als lange darüber nachzudenken oder schlimmer noch: sie totzureden. Und exakt deshalb gewann mich Dan auch so schnell für seine Idee, ein Buch über Entrepreneurship, Pardon, Entrepreneur*shit* zu schreiben. Es solle davon handeln, wie man ein erfolgreiches Business aufbaut und eine Unternehmerpersönlichkeit entwickelt. Er wolle seine Leser von seinen Erfolgen, aber auch sehr wohl von seinen Misserfolgen lernen lassen. Für mich als Unternehmer und Autor ein spannendes Thema, also gewann er mich schnell als Verbündeten für sein Vorhaben, seine Gedanken in eine kompakte Form zu bringen.

Wovon handelt dieses Buch und an wen richtet es sich?
Nun gibt es zugegebenermaßen schon einige Unternehmerbücher auf dem Markt, und du stellst dir sicher die Frage, warum ausgerechnet dieses lesenswert ist. Dafür lassen sich drei gute Gründe anführen:

Erstens

Dieses Buch hat den Charakter einer Unterhaltungslektüre, die viele lehrreiche Geschichten enthält, mit denen wir dich amüsieren, fesseln und mitfiebern lassen wollen. Dan hat sich während der letzten acht Jahre regelmäßig notiert, was in seinem Unternehmen zum Erfolg geführt hat – davon möchte er dich profitieren lassen.

In den vier Kapiteln werden wir uns mit den Themen *Persönlichkeit*, *Finanzen*, *Umsetzung* und *Menschen* beschäftigen. Die vielen kurzen Abschnitte enthalten Denkanstöße, was du tun und unterlassen *kannst*, ohne dir dabei aufzuerlegen, was du zu tun und zu lassen *hast*. Es spielt übrigens keine Rolle, ob du noch überlegst ein eigenes Unternehmen zu gründen, schon lange Unternehmer bist oder ob du als unternehmerisch denkender Angestellter deine Chefin beeindrucken willst. Die passende Lektüre dafür hältst du in deinen Händen.

Zweitens

Wie die Titelwahl erahnen lässt, geht es nicht nur um Erfolge, sondern auch um den *Shit des Unternehmertums*. Es sind gerade die vielen Bredouillen, in denen Dan mit seinen Mitgründern immer wieder steckte, die am lehrreichsten waren. Ob er nun Menschen entlassen musste, Geschäftspartner plötzlich horrende Geldbeträge für ihre Dienste forderten oder ihm seine Mitmenschen mitteilten, dass sein Geschäftsmodell für den Arsch sei: Er wird dir tiefe Einblicke in seine Ängste, seine Psyche und die schmerzhaften Entscheidungen geben, die er immer wieder zu treffen hatte. Es hat mich schwer beeindruckt, wie offen, unverfälscht und vor allem positiv er damit umgegangen ist!

Drittens

Die Bildungsbranche ist im Wandel, und Schulen, Universitäten und Seminarleiter müssen sich vermehrt mit digitalen Konzepten auseinandersetzen. Kürzlich wurde dieser Wandel sogar beschleunigt, was wohl eine der positiven Folgen der Coronakrise war. Wir wollen unseren Beitrag zur Verknüpfung der analogen mit der digitalen Welt leisten, deswegen haben wir an vielen Stellen QR-Codes eingefügt, mithilfe derer du Checklisten und andere Tools herunterladen kannst.

Woher stammt der Input?

Seine Erfahrungen hat Dan bei StudyHelp gesammelt. Einem Unternehmen, das er im Jahr 2013, noch während seines Studiums zum Wirtschaftsingenieur, mit seinem Freund Carlo Oberkönig gründete. Alles fing als kleine GbR an, doch zwei Jahre später gründeten sie schon wieder – dieses Mal eine GmbH. Streng genommen existierte der Name StudyHelp erst jetzt, da Personengesellschaften immer nach ihren Gesellschaftern benannt sind und keine fiktiven Namen haben dürfen. Diese Zeitspanne bis zur Gründung der waschechten StudyHelp-GmbH nutzten Dan und Carlo, um reihenweise Bildungsinteressierte* an Bord zu holen und sie gesellschaftlich zu beteiligen.

Die Gründer waren vor allem deshalb so an Bildung interessiert, weil sie am eigenen Leib erfahren hatten, was sogenannte Siebfächer sind. Und damit waren sie nicht allein, denn auch ihre Kommilitonen hatten daran zu knabbern. Gemeint sind diese fiesen, meistens zahlenlastigen Fächer wie Mathematik, Thermodynamik, Mechatronik und Statistik, mit denen die Universität in den ersten vier Semestern

---

* Die Bildungsinteressierten: Maximilian Fleitmann, Julian Droste, Patrick Burmann und Daniel Jung haben schon früh an StudyHelp geglaubt.

Gold von Kieseln trennen möchte. Mit den von StudyHelp angebotenen Crashkursen hatten Studierende eher die Chance, eine goldene Zukunft zu haben. Denn durch die Kurse wurden die Studenten auf ihre Prüfungen vorbereitet. Es dauerte nicht lange, da richtete StudyHelp die Kurse auch auf Abiturienten aus, da letztere von einer missratenen Prüfung mindestens genauso demotiviert werden können. Doch das war erst der Anfang: Heute besteht die StudyHelp-Gruppe aus fünf Bereichen, die sich sowohl online als auch offline erstrecken:

- Crashkurse
- Nachhilfe
- Verlagswesen
- Beteiligungen
- Gewerbliche Vermietung

Wie du vermutlich bereits erahnt hast, als du mit großem Interesse das Impressum dieses Buchs gelesen hast, so wie es sich für anständige Leserinnen und Leser gehört, wird der Verlag für StudyHelp immer wichtiger. Nicht nur Lernhefte und E-Books werden darüber verlegt, sondern auch »Erwachsenenliteratur«, in die wohl dieses Buch einzuordnen ist. Was nicht bedeuten soll, dass wir kinderfeindlich wären, geschweige denn dich irgendein nicht jugendfreier Schweinkram erwartet. Du kannst dieses Buch ruhig offen herumliegen lassen, sei unbesorgt. Aber darauf wollte ich nicht hinaus. Sagen wollte ich, dass Entrepreneur*shit* erst der Anfang des *Forward Verlags* ist und in der Zukunft noch weitere Bücher über Unternehmertum, finanzielle Intelligenz und Persönlichkeitsentwicklung folgen werden. Es empfiehlt sich daher, gespannt zu bleiben.

Übrigens danke ich dir dafür, dass du entgegen deinem inneren Trieb, das langweilige Vorwort zu überspringen, standhaft geblieben bist, und entlasse dich nun feierlich: Viel Spaß beim Lesen des »richtigen« Buchs!

Christian Gaschler
Frankfurt am Main, Mai 2021

PS: Insofern du dir die Mühe machst, das Werk nach beendetem Konsum zu rezensieren, so belohnen wir dieses altruistische Verhalten mit einer kleinen Überraschung. Schick uns dafür einfach ein **Foto deiner Rezension** über einen der beiden Kanäle:

Hier geht's zur
StudyHelp-Website.

Hier geht's zum Insta-Kanal
des ForwardVerlags.

Kapitel 1: Welcher Unternehmer bin ich?

»Wer sich hat, der kann nichts verlieren. Aber wie wenigen ist es beschieden, sich zu haben!«[2]
Lucius Annaeus Seneca (1-65 n. Chr.)

»Wenn eine Idee am Anfang nicht absurd klingt, dann gibt es keine Hoffnung für sie.«[3]
Albert Einstein (1879-1955)

Wie gut kennst du dich wirklich? Hast du dich schon mal gefragt, warum du denkst, was du denkst, und warum du tust, was du tust? Wer sich selbst bewusst zuhört, also imstande ist, die Laustärke der »fremden Stimmen«, die permanent Einfluss auf uns nehmen, herunterzudrehen, der dringt zum persönlichen Betriebssystem vor. Von dort aus werden all unsere Handlungen gesteuert. Diese Steuerung ist abhängig von den gespeicherten Wertvorstellungen, Glaubenssätzen, Ängsten, Bedürfnissen und Interessen, und sie beeinflusst jede der unzähligen Entscheidungen, die wir in unserem Leben bewusst oder unbewusst treffen.

Heute sprechen wir in diesem Zusammenhang wohl vom richtigen *Mindset*, wenngleich der Begriff mittlerweile ganz schön abgedroschen klingt, oder? Zu viele Coaches, Glücksritter und selbst ernannte Vollprofis haben diesen Anglizismus von einem einst sportlichen Hengst zu einem alten Gaul heruntergeritten: »Arbeite an deinem Mindset, wenn du Millionär werden willst!«, oder so ähnlich.

Ziemlich schade, ist doch ein stabiles Gedankengut bei der ganzen Ablenkung im digitalen Zeitalter wichtiger denn je. Der mobile, permanente Zugang zum Wissen hat nämlich nicht nur den Vorteil, dass wir innerhalb von Sekunden nachschauen können, wer der 34. amerikanische Präsident war – spar dir die drei Sekunden, es war Dwight D. Eisenhower –, sondern auch den Nachteil, dass über diverse Social-Media-Kanäle, Streamingdienste und Nachrichtenportale tonnenweise Müll in unser wichtiges Steuerungsorgan gelangt. Nie war das Ablenkungsrisiko höher, ergo war die Reflektion der eigenen Person auch nie wichtiger.

Am besten betrachtest du dieses Kapitel als Reise zu deinem (Unternehmer-)Ich. Bon Voyage!

1.1   Die Tiefen der Gründungsgründe

»Ich würde gern ein eigenes Unternehmen gründen, aber mir fehlt die passende Idee.« Diese Aussage wird oft von Angestellten benutzt, die prinzipiell sehr gern ihr eigenes Ding machen würden, aber den entscheidenden Schritt dann doch nicht gehen. Warum? Weil es so viele offene Fragen gibt, die wie eine schwere Last wirken und den Gründungsballon am Aufsteigen hindern:

- Wie innovativ muss meine Geschäftsidee sein?
- Muss die Idee zu meiner Persönlichkeit passen?
- Was ist meine Leidenschaft?
- Brauche ich eine Mission?
- Und was ist eigentlich das »richtige« Gründungsmotiv?

In einer Umfrage von Statista aus dem Jahr 2017 wurden Gründer zu ihren Motiven befragt. Mehr als 60 % der 450 Befragten bestätigten, dass die »Verwirklichung einer eigenen Geschäftsidee«, der »Glaube an den Erfolg und das Wachstumspotenzial«, die »Möglichkeit, eigene Interessen einzubringen und umzusetzen«, die »Leidenschaft und Begeisterung für die Sache« und die eigene »Verantwortung für den Unternehmenserfolg« die wichtigsten Kriterien für sie waren. Außerdem wollte mehr als die Hälfte ihr »eigener Chef sein« und immerhin noch ein gutes Drittel sehnte sich »nach einem Neustart«. Diese 450 Personen hatten ihre Entscheidung längst gefällt. Lass uns daher die Sache auch andersherum betrachten: Was hält denn junge Menschen von einer Gründung ab?

In einer Umfrage des Marktforschungsinstituts YouGov aus dem Jahr 2019 wurden 3.500 junge Menschen im Alter zwischen 16 und 25 Jahren zu ihren Berufswünschen befragt. 44 % der Befragten strebten ein klassisches Angestelltenverhältnis an, aber knapp zwei Drittel fand die Idee einer Gründung grundsätzlich reizvoll. Die bürokratischen Hürden erschienen den meisten jedoch zu hoch. Die Angst zu scheitern und die im Vergleich zum Angestelltenverhältnis geringere Sicherheit verursachten weitere Bedenken. Lediglich 10 % – erschreckend! – plante, binnen der nächsten fünf Jahre ein Unternehmen zu gründen. Und etwa ein Viertel der Befragten war ganz allgemein unentschlossen.[4]

Es ist leicht nachvollziehbar, dass junge Menschen von Bürokratie und Beamtentum genervt sind. Aber warum ist ihr Sicherheitsbedürfnis derart hoch? Immerhin leben wir doch in einer Zeit, die von vergleichsweise wenig Krieg und hohem Wohlstand geprägt ist. Offenbar ist es Fluch und Segen zugleich in der Welt der unbegrenzten Möglichkeiten in den Beruf zu starten. Vermutlich fragen sie sich, wo ihr Platz in der digitalen und technologischen Zukunft ist, die von vielen Veränderungen geprägt sein wird. Zu Recht wollen sie wissen, ob und wann künstliche Intelligenzen ihnen den Rang ablaufen werden. Noch vor zwei Jahrzehnten hielt es kaum jemand für möglich, dass Pkw und Lkw irgendwann autonom fahren. Zu weit hergeholt schien es, dass der unbekümmerte Lastwagenchauffeur, den wir infolge eines »Elefantenrennens« über zehn Kilometer lang verflucht hatten, irgendwann ein gefühlloser Algorithmus ist, den unsere Lichthupe und unsere Verärgerung über dieses grandiose Manöver wenig jucken dürfte. Allerdings wäre der Algorithmus vermutlich nicht so beschränkt gewesen, vollbeladen bergauf zu überholen.

In dieser von regelmäßigen Veränderungen geprägten Zeit ist es nicht einfach, ein »sicheres Geschäftsmodell« zu suchen, mit dem sich die nächsten 30 Jahre Geld verdienen lässt – und das zudem auch noch perfekt zur eigenen Persönlichkeit passt.

Es war nie mein tiefster Wunsch, ein Unternehmen in der Bildungsbranche zu gründen. Denn es ist eine sehr spezielle, konventionelle, altmodische und wenig agile Branche, die das genaue Gegenteil von dem verkörpert, für das ich stehe. Und trotzdem bin ich seit mittlerweile acht Jahren ein Teil von ihr, weil ich mit meinen Geschäftspartnern das Problem lösen wollte, dass unser Bildungssystem Studenten und Abiturienten nicht gut genug auf ihre Prüfungen vorbereitet beziehungsweise aus Kapazitätsgründen auch nicht gut genug vorbereiten kann. Aber mein Traum war das alles sicher nicht. Was mich jedoch von Anfang gereizt hat, war das Unternehmertum selbst. Mich hat vor allem der Gedanke angetrieben, etwas Großes erschaffen zu können. Daher möchte ich die eingangs gestellten Fragen bezüglich Innovation, Persönlichkeit, Leidenschaft und Mission wie folgt beantworten:

Innovation

Die Idee muss keine Raketenwissenschaft sein, aber sie sollte auf neue Art und Weise Menschen helfen. Klar, das bedeutet Innovation per Definition. Der Begriff leitet sich von dem lateinischen Wort »innovare« ab und bedeutet Neuerung. Viele stellen sich darunter aber zu viel vor. Ein fliegendes Auto, Hyperloop oder etwas ähnlich Futuristisches. Man sollte dem Wort etwas von seiner Strahlkraft nehmen. »Copy and make better« lautet die Einstellung, die manchmal reicht, um innovativ zu sein.

Denk nur an das Unternehmen *Flaschenpost*, das im Jahr 2012 in Münster gegründet wurde. Heute hat es 7.000 Mitarbeiter und wurde Ende 2020 für eine Milliarde Euro an Dr. Oetker verkauft. Worin bestand die Innovation, Getränke wie Bier, Wein, Wasser und Limo übers Internet zu vertreiben? Solche Lieferdienste gab es schließlich auch schon vorher. Das Geheimnis lag in der Skalierung der Logistik. Flaschenpost liefert seinen Kunden die Getränke binnen zwei Stunden direkt an die Haustür, und das deutschlandweit. Damit das gelingt, ließen sie für jeden Standort eine neue GmbH eintragen. Außerdem haben sie in jeder dieser Städte ein eigenes Lager und eigene Lieferfahrer. Das war äußerst clever skaliert, denn so vermieden sie Lieferkosten für ihre Kunden, wenngleich die Getränke etwas teurer als im regulären Handel sind.[5] Klar, die Coronakrise beflügelte das Geschäft, aber vorher wuchs Flaschenpost auch schon gut. Ist dieses Konzept nun hochgradig innovativ oder wurde es schlichtweg genial umgesetzt?

Persönlichkeit und Leidenschaft

Natürlich passt die Persönlichkeit im Idealfall zur Branche, aber dafür müssen sich Gründer erstmal ergründen und ihre Persönlichkeit erkennen. Das funktioniert am besten durch praktisches Ausprobieren. Womit ich niemandem vom unterhaltsamen Räsonieren über den Sinn des Lebens bei einem guten Glas Scotch abraten möchte. Aber wie viele Menschen kennst du, die so zu sich selbst gefunden haben?

Manchmal muss man erst das Falsche *machen*, um das Richtige zu finden. Das hat zum Beispiel Patrick Kapellen erfahren, der direkt nach seinem Studium eine Marketingstelle bei einem großen Spielehersteller annahm. Hochmotiviert wollte er endlich sein theoretisches Wissen in die Praxis umsetzen und brachte viele frische Ideen in das Familienunternehmen ein. Doch Patrick musste leider feststellen, dass sich das Puzzle für ihn nicht fügen würde, denn er konnte die Dinge nicht so anpacken wie gewünscht. Er sehnte sich nach kürzeren Entscheidungswegen, danach, Ideen zügig umzusetzen, nach mehr Einfluss und Entscheidungsfreiheit und nach einem dynamischen Team. Deshalb kündigte Patrick seinen Job und nahm eine Stelle im Marketing bei StudyHelp an, als es noch ein junges Start-up war. Interessanterweise führte Unzufriedenheit zur Zufriedenheit. Allein durch Räsonieren hätte Patrick diesen Status nicht erreicht, denn erst der Mut zur Veränderung, erst die Bereitschaft zum Wagnis hat seine Situation verbessert.

Mission

Walt Disneys Mission lautet: »Kinder glücklich machen«. Das ist sehr einprägsam und kinderleicht zu verstehen. Eine Mission wirkt wie ein roter Faden, der sich durch alle Produkte und Handlungen eines Unternehmens zieht. Aber sie kann sich entwickeln und muss nicht von vornherein feststehen. Bevor man über eine Mission nachdenkt, wäre es zunächst ratsam, die Geschäftsidee zu erproben. Die wichtigste Mission neben der Mission lautet nämlich: Geld verdienen! Ich bin mir sicher, das sah der gute alte Walt ähnlich.

1.2 Das positive Grundrauschen

Kennst du die Leute, die fast immer gut gelaunt sind, wenn du sie triffst? Diese Personen besitzen eine Aura der Ausgeglichenheit und wirken mit sich selbst im Reinen. Schlechte Tage kennen sie quasi nicht, zumindest merkst du davon nichts. Dann gibt es noch die Leute, bei denen es exakt umgekehrt ist. Sie hangeln sich von Beschwerde zu Beschwerde und benutzen sehr gern das Wort »Katastrophe«. Neulich hörte ich jemanden sagen, dass es eine wahre Katastrophe sei, dass die Renovierungsarbeiten in seinem Haus nicht schneller vorangingen. Das ist bemerkenswert, weil eine Katastrophe per Definition ein »verheerendes Unglück« ist, hervorgerufen durch menschliches Versagen oder ein Naturereignis, bei dem auf dramatische Weise viele Menschen ums Leben gekommen sind. Ob das Wort für die Umschreibung einer zu langsamen Renovierung wirklich angemessen ist?

Meine These ist, dass Erfolg mit einem positiven Grundrauschen korreliert. Du weißt schon, das sind die Gedanken, die du hörst, wenn es ganz still ist – besonders kurz vorm Einschlafen. Gedanken wirken sich auf Gefühle aus, die wiederum unser Handeln beeinflussen. Das gilt logischerweise für positive wie negative Gedanken. Wenn ich die ganze Zeit an Katastrophen denke, sehe ich sie auch überall. Nach dieser Logik kann man sein Leben also tatsächlich *schön* oder *hässlich* denken.

Was eine große Wirkung auf meine Gefühlslage hat, ist der Glaube an meine Fähigkeiten. Jeder von uns beherrscht etwas überdurchschnittlich gut. Davon bin ich überzeugt. Manche können gut reden, manche gut schreiben, andere sind gute Zuhörer und wieder andere können exzellent mit Zahlen umgehen. Es ist verdammt wichtig, diese Fähigkeit zu kennen, weil die Erinnerung daran etwas Positives in uns auslöst. Der Glaube an die eigenen Fähigkeiten ist sozusagen der unbekümmerte Fels, gegen den negative Wellen branden.

Meine Stärke ist das Motivieren. Meine Verlobte hat mal gesagt: »Daniel, dein Auftreten ist ein schmaler Grat zwischen Größenwahn und realistischem Erfolg.« Das mag sein, deswegen muss sie mich gelegentlich erden, ohne mich zu demotivieren. Ebenfalls eine Gratwanderung, die ihr aber gut gelingt. Jedenfalls ist mir eine positive, groß denkende Stimmung in der Firma unheimlich wichtig, womit ich nicht meine, dass meine Mitarbeiter alles freudestrahlend abnicken und mir wie die Lemminge in den Abgrund folgen sollten. Realistische Einschätzungen sind immer erwünscht. Aber es gibt Phasen, in denen es über Monate hinweg derart positiv läuft, dass die Entwicklung dem Team surreal erscheint. Vergleichbar mit der Ruhe vor einem Sturm. In solchen Phasen kann ein einziger negativer Gedanke schnell die Runde machen und das ganze Team runterziehen.

Das erinnert mich an ein Meeting. Da wählte jemand seine Worte nicht mit Bedacht und sprach von »einer katastrophalen Woche«, weil sich die Verkaufszahlen zur Vorwoche verschlechtert hatten. Das war zwar eine Tatsache, doch ließ er zwei Dinge unerwähnt: Erstens wäre die aktuelle Woche saisonbedingt und somit erwartungsgemäß schlecht gelaufen, und zweitens hatte sich unser Umsatz im Vergleich zum Vorjahr versechsfacht. Versechsfacht! Nach so einer erfreulichen Entwicklung wegen einer Woche gleich von einer Katastrophe zu sprechen erscheint dezent überzogen. Die Aussage hätte also lauten sollen: »Das war eine sehr gute Woche: Wir haben unseren Umsatz zum Vorjahr versechsfacht!« Und wenn ich die unglückliche

Formulierung nicht korrigiert hätte, hätte der Meckervirus das ganze Team infiziert und unmittelbar an ihrer Motivation und Leistung gezehrt.

Hochbrisant können negative Gedanken auch wenige Wochen vor einem Produktlaunch sein. Erst kürzlich haben wir die Mathe-Lernhefte von *Lehrerschmidt* in unseren Onlineshop integriert. Das ist ein auf dem deutschen Bildungsmarkt sehr einflussreicher Youtuber, auf dessen Kanal sich dutzende hilfreiche Lernvideos für Schüler der Mittelstufe finden. Sein Kanal hat rund 870.000 Abonnenten (Stand: März 2021). Damit kommt er zwar nicht annähernd an die 19,6 Millionen Abonnenten (ebenfalls Stand: März 2021) des Kanals *HaerteTest* heran, einem »Crash Test Channel« eines anonymen deutschen Autofahrers, der in seinen Videos iPhones, gefrorene Wassermelonen, Cola-Flaschen und Luftballons mit einem Personenkraftwagen plattmacht. Kein Witz: Neunzehnkommasechsmillionen! Das sind 25 % aller Einwohner Deutschlands. So viel zum Bildungsfokus der Deutschen. Hingegen bewegt sich *Lehrerschmidt* auf dem »echten« Bildungsmarkt und ist dort zu einer einflussreichen Figur geworden. Wir freuen uns darüber, dass er mit uns zusammenarbeiten wollte! Und tatsächlich wurden uns die Lernhefte für die Klassen 5 bis 10 aus den Händen gerissen.

Nun kannst du dir vorstellen, dass solche Launches eine gewisse Vorbereitung erfordern. In dieser Phase muss jeder 100 % geben, seine Hausaufgaben machen und vor allem: an den Erfolg glauben! Aber das sagt sich leicht daher, denn irgendwann gehen aufgrund der Arbeitslast alle auf dem Zahnfleisch. Jetzt finden Skeptiker ideale Bedingungen vor, das anfällige Gedankengut des Teams mit dem Meckervirus zu infizieren. Dabei muss ihre Argumentation nicht einmal besonders originell sein, ein einfaches »Das wird alles nichts!« genügt vollkommen um für Verunsicherung, Demotivation und Frust zu sorgen. Wenn schließlich genügend Mitarbeiter angesteckt wurden, und niemand mehr an den Erfolg glaubt, ist der Launch gedanklich schon gescheitert.

Ich vergleiche diese Situation gern mit der Anklagebank vor Gericht. Stell dir vor, ein Skeptiker klagt einen Optimisten an und wirft ihm vor: »Du wirst mit deinem Vorhaben scheitern!« Der Optimist antwortet: »Keineswegs, es verspricht Erfolg!« Wer ist in dieser Situation im Recht, wer im Unrecht? Vor einem echten Gericht gilt der Grundsatz: »Im Zweifel für den Angeklagten.« Der Optimist wäre demnach so lange unschuldig, bis ihm der Skeptiker sein Scheitern bewiesen hat. Doch das kann er nicht, bevor das Vorhaben durchgeführt wurde. Dieser faire juristische Grundsatz scheint aber aus Sicht des Skeptikers nicht zu gelten, denn für ihn ist die Sache klar: Bis der Optimist seinen Erfolg (also seine Unschuld) nicht bewiesen hat, sieht er sich im Recht. Er kehrt das Machtverhältnis um! Und das mit vergleichsweise geringem Arbeitsaufwand, denn während der Skeptiker lediglich das Scheitern prophezeien muss, muss der Optimist die fetten Beweise liefern. Das scheint mir nicht fair, weshalb es mir ein großes Anliegen ist, die Optimisten vor den Skeptikern zu schützen.

»Ist denn Kritik überhaupt nicht erlaubt?«, höre ich dich denken. Doch, na klar. Aber manche Menschen wollen lieber meckern als konstruktiv kritisieren. Es gibt einen entscheidenden Unterschied zwischen einem notorischen Meckerer und einem konstruktiven Kritiker: Der Kritiker glaubt tief im Innern an den Erfolg. Der notorische Meckerer – von uns liebevoll *Terrorist* genannt – möchte hingegen die Ideen und Meinungen seiner Kollegen lieber standardmäßig zerschießen. Auf sie werden wir im vierten Kapitel noch detaillierter eingehen.

Doch springen wir zurück zu den positiven Gedanken. Es gibt kein Allheilmittel gegen schlechte Laune, dennoch lässt sich die Gefühlslage mit einem simplen Plan erheblich verbessern. Serotonin können die folgenden Punkte zwar nicht ersetzen, aber trotzdem kann ihre Wirkung auf das Wohlbefinden von mir bestätigt werden:

Den Tag bewusst positiv starten

Nimm dir morgens Zeit für dich. Zeit, die nur dir gehört. Und wenn es nur 10 Minuten sind.

Humorvoll und selbstironisch durchs Leben gehen

Warum sind die Leute im Beruf immer so ernst? Es scheint, als hätten sie zwei Charaktere: einen privaten und einen beruflichen.

An die eigenen Fähigkeiten glauben

Erinnere dich regelmäßig daran, was du kannst. Du könntest ein Erfolgstagebuch führen, in das du jeden Tag eine positive Sache schreibst.

Misserfolge besser als Lektionen und nicht als Rückschläge sehen

Kennst du diese Gedanken: »Warum habe ich das damals so entschieden? Wo stände ich heute, wenn ich mich anders entschieden hätte?« Solche Retrospektiven bringen nichts, denn die Vergangenheit lässt sich nicht ändern. Der Blick gehört nach vorne gerichtet, nicht nach hinten.

Regenerativen Tätigkeiten nachgehen

z.B. Sport, Reisen, Freunde treffen, Meditieren, mit dem Hund spazieren gehen und gelegentlich die Leber zum Abschuss freigeben.

YouTube-Kanal: »HaerteTest«

YouTube-Kanal: »Lehrerschmidt«

Liste: Wie man sein Wohlbefinden steigert.

1.3 Jeder braucht Gleichgesinnte

Am Anfang hat sich die Gründung definitiv nicht immer richtig an-gefühlt. Es war ein sehr zwiespältiges Gefühl. Einerseits war ich en-thusiastisch, weil ich nun Herr meiner selbst war, andererseits waren da viele Zweifel. Geschürt wurden diese Zweifel von Miesmachern, die zu dieser frühen Gründungsphase sehr zahlreich waren. »Euer Geschäftsmodell ist unmöglich zu skalieren«, hieß es zum Beispiel. »Was für eine schwachsinnige Idee, die ergibt ja überhaupt keinen Sinn«, torpedierte ein anderer. »Niemals werdet ihr damit Erfolg ha-ben! Such dir lieber einen anständigen Job!«, war der Vernichtungs-versuch eines Dritten. Vielleicht lag es daran, dass ich ab einem be-stimmten Punkt nicht mehr jede bis dato obligatorische, donnerstäg-liche Uniparty besuchte. Ich wollte am Freitagmorgen mit frischen Sy-napsen an meiner Firma arbeiten, also war diese Entscheidung nötig, mit der ich bei einigen meiner Kommilitonen auf Unverständnis stieß.

Es gibt dieses Phänomen, dass Menschen in deinem Umfeld anfan-gen, skeptisch zu werden, wenn du dich plötzlich veränderst. Es wirkt auf sie auf undefinierbare Weise bedrohlich. Die Erklärung dahinter ist simpel: Wenn sich Menschen in unserem Umfeld verändern, er-zeugt das mitunter Druck, weil wir uns dadurch automatisch fragen, ob wir uns nicht auch verändern sollten oder sogar müssten. Als Re-aktion darauf ist es einfacher, die sich verändernde Person davon zu überzeugen, sie solle so bleiben, wie sie ist, als das eigene Weltbild zu reflektieren. Das kennen wir doch sogar von Grußkarten: »Bleib so, wie du bist!« Kein guter Ratschlag, denn die Persönlichkeit ist eher ein formbares Gebilde und kein starrer Betonklotz.

Die einzig sinnvolle Schutzreaktion ist, sich von diesen Miesmachern zu distanzieren – zumindest temporär – und sich stattdessen Gleichgesinnte zu suchen. Einige der letzteren Sorte fand ich bei *TecUP*, dem Technologietransfer- & Existenzgründungs-Center der Universität Paderborn. Das ist ein Brutkasten für Startups, der die Förderung der Uni Paderborn genießt. Dort begrüßten mich damals viele Unternehmer mit ähnlichen Zielen, ähnlichen Einstellungen und ähnlichem Antrieb. Der Austausch war ungemein wichtig und half mir dabei, mich von meinen Zweifeln zu befreien. Es dauerte nicht lange, und diese Gleichgesinnten entwickelten sich zu meinen Freunden. Solche Brutkästen gibt es für nahezu jeden Bereich. Immobilieninvestoren umgeben sich mit ihresgleichen auf Stammtischen, Fußballer treffen sich in der Vereinskneipe und Modeblogger sympathisieren auf der Fashion-Show in Berlin.

Seit einigen Jahren darf ich mich zu den Mitgliedern einer Gruppe von acht Unternehmen zählen, die dem Netzwerk *Entrepreneurs' Organization (EO)* angehören, und ohne die es StudyHelp heute vielleicht gar nicht mehr gäbe. An dieser Stelle sende ich einen lieben Gruß an Stephan Bayer, CEO von Sofatutor, den ich auf der Bildungsmesse *Didacta* kennenlernte. In unserem Gespräch machte er mich auf die EO aufmerksam, die mir bis dato völlig unbekannt war. Zunächst erzeugten seine Ausführungen in meinem Kopf das Bild einer dubiosen Sekte. Es fielen Begriffe wie »total vertraulich« und »intim«, außerdem dürfe er keine Namen dieses Forums nennen, da alles »super geheim« sei und die Mitglieder »sehr persönliche Erfahrungen« austauschen würden. Was ging denn hier ab? War ich in ein Rekrutierungsgespräch geraten? Es war auf mysteriöse Weise reizvoll, und genau deshalb wollte ich unbedingt Mitglied werden.

Das Aufnahmeritual, um in diesen Kreis erlauchter Geister aufgenommen zu werden, war brutal. Ich wurde in Boxershorts, mit lediglich einem Apfel in der linken und einem Kugelschreiber in der rechten Hand, in der Fußgängerzone von Paderborn ausgesetzt und sollte innerhalb von vier Stunden allein durch Tauschhandel ein Vermögen von 100 Euro aufbauen. Diesen Quatsch hast du nicht ernsthaft geglaubt, oder? Tatsächlich wurde vorausgesetzt, Inhaber einer Firma mit einem Jahresumsatz von mindestens einer Million Euro zu sein. Außerdem müsse der Spirit passen. Wie ich herausfand, traf beides auf mich zu, und so öffnete mir Stephan die Pforte zu einer Welt, die definitiv mein Leben und das meiner Mitgründer veränderte.

Wir treffen uns einmal im Monat und starten mit einem gegenseitigen Update. Diese Einleitungsphase wird »Best/Worst« genannt, in der jeder innerhalb von sechs Minuten sowohl das beste als auch schlechteste Erlebnis aus den Bereichen Familie, Arbeit oder privatem Umfeld berichten darf. Das hilft sehr dabei, den Alltag zu reflektieren. Darüber hinaus dürfen zwei Unternehmer ein konkretes Problem vortragen, und die anderen kommentieren es dann mit ihren Erfahrungen. Die wichtigste Regel: Sie geben keine Tipps oder Ratschläge, sondern berichten nur über ihre Erfahrungen und Gefühle zu diesem Problem, sofern sie bereits in einem ähnlichen Dilemma gesteckt haben. Das können sogar so persönliche Dinge wie der Tod eines Nahestehenden sein. Sofern ein kommentierendes Mitglied – glücklicherweise – noch keinen Nahestehenden verloren hat, so kann es auch von einem ähnlich traurigen Erlebnis berichten und wie es damit umgegangen ist. Dieser persönliche Austausch ist etwas Besonderes und funktioniert deshalb so tadellos, weil wir uns gegenseitig voll vertrauen und weil sich unsere erlebten Gefühle und Probleme oft sehr ähnlich sind.

Im Übrigen habe ich mittlerweile wieder deutlich mehr Kontakt zu den damaligen Miesmachern. Nachdem ich eine gewisse Zeit meinen Weg verfolgt hatte, wurden die Stimmen der Zweifler immer leiser. Sie erkannten irgendwann die Ernsthaftigkeit meiner Absichten und dass es unmöglich wäre, mich umzustimmen. Dieselben Leute haben sich über die Zeit natürlich auch verändert, vor allem durch das Arbeitsleben. Und so haben wir heute wieder einen gemeinsamen Konsens. Funfact: Manche von ihnen gründeten später ebenfalls ein Unternehmen und erteilen mir heute Absagen, weil sie lieber arbeiten wollen. Die Retourkutsche ist für mich völlig in Ordnung, denn ich kann ihren Willen sehr gut verstehen.

1.4 Warum stresse ich mich?

Wie würdest du in den Tag starten, wenn dich morgens 54 E-Mails, 21 WhatsApp- und 19 Telegram-Nachrichten gepaart mit 57 offenen To-dos empfingen? Das war die heutige, herzliche Begrüßung meines Smartphones, nach der ich das Ding am liebsten vom Balkon geworfen hätte. Aber dann habe ich tief durchgeatmet und mich daran erinnert, warum das überhaupt Stress in mir auslöst. Hast du auch schon mal darüber nachgedacht, was der Auslöser für deinen Stress ist? Also ich meine keine symptomatische Betrachtung, sondern eher die grundlegenden Fragen: »Warum tue ich mir den Shit überhaupt an?« Und: »Wer oder was motiviert mich, bestimmte Dinge zu tun?«

Im Allgemeinen sind wir alle ziemlich triebgesteuert und somit permanent auf die Befriedigung unserer Verlangen aus. Damit will ich nicht sagen, dass wir pausenlos daran denken, uns in der Gruppe zu bespringen, sondern dass hinter allem, was wir tun, ein Bedürfnis steht. Das würde uns der gute Abraham Maslow mit Sicherheit sofort unterschreiben, wenn das Blut noch warm durch seine Adern flösse. Der lehrte uns nämlich, dass es neben den physischen Grundbedürfnissen wie *Essen, Trinken, Schlafen* oder *Sex* auch psychische Verlangen wie *Soziale Nähe* und *Sicherheit* gibt.[6]

Und da wir Menschen damit noch lange nicht zufriedengestellt wären – bescheiden wie wir sind – existieren zudem auch noch sogenannte Individualbedürfnisse. Spätestens an dieser Stelle wird es interessant, denn diese Individualbedürfnisse motivieren uns oft im Beruf. Es ist das Streben nach *Erfolg, Freiheit, Unabhängigkeit, Wertschätzung, Macht* und/oder *Prestige*, das uns trotz 54 offener E-Mails davon abhält, den digitalen Helfer in Brand zu stecken.[7]

Wer seine Motivatoren ausgemacht hat, hat zeitgleich auch seine persönlichen »Stresser« gefunden. Bei mir sind das zu etwa gleichen Teilen die Faktoren *Angst* (hängt mit dem Verlangen nach Sicherheit zusammen), *Macht* und *Wertschätzung*. Schauen wir uns an, wie diese Faktoren auf den Patienten wirken.

Sicherheitsbedürfnis und damit verbundene Ängste

Stress ist auf faszinierende Weise mit Ängsten gekoppelt. In der frühen Gründungsphase stressten mich ungewollt meine Mitarbeiter. Manche sind extra umgezogen, nur um bei StudyHelp zu arbeiten. Dadurch überkam mich die Angst, dass ich sie in finanzielle Schwierigkeiten bringen könnte, wenn wir nicht wie vorgesehen wirtschaften: »Was, wenn ich ihnen kündigen muss?« Dieser Gedanke stresste mich, denn aus ihm resultierte ein Pflichtbewusstsein, das mich zu hoher Leistung antrieb.

Doch das war nicht die einzige »motivierende« Angst. Ähnlich unwohl wurde mir bei dem Gedanken, dass uns Mitarbeiter aus freien Stücken verlassen könnten. Vielleicht, weil sie irgendwo eine bessere Bezahlung erwarten würde? Oder weil ihnen jemand eine spannendere Tätigkeit anböte? Wer eine Firma mit 100 Mitarbeitern hat, der kommt vielleicht temporär mit ein oder zwei Kräften weniger klar. Für ein kleines Unternehmen mit drei Mitarbeitern wäre es ein Drama. Überhaupt können in dieser frühen Phase so viele, auf den ersten Blick unscheinbare Fehler das Aus bedeuten. Aus diesem Grund haben es junge Unternehmen auch so schwer.

Während diese Ängste aber eher von meinen eigenen Gedanken herbeigeführt wurden, so gibt es noch solche, die unser Umfeld bei uns platziert. Zum Beispiel durch erbauliche Kommentare wie: »Es läuft immer noch nicht bei euch? Ich habe gewusst, dass das nichts wird! Mensch, hättest du mal nicht gegründet und dir lieber einen anständigen Job gesucht.« Solche Anmerkungen mögen nicht böse gemeint sein, aber viel entscheidender ist: Inwiefern sollen sie dem Empfänger helfen? Gerade in der turbulenten Anfangsphase, wenn das Mindset noch sehr angreifbar ist, sollten Gründer genau überlegen, wem sie von ihrem Geschäft berichten.

Macht und Einfluss

Seit unserer Gründung ist es mein sehnlichstes Ziel, ein riesiges Unternehmen aufzubauen, das Millionen, ach was sag ich: Milliarden Menschen hilft. Das schaffen wir nur, indem wir zuvor enormen Einfluss in der Branche gewinnen. Nur so können wir etwas bewegen. Und mein privates Ziel, Rot Weiss Ahlen zum deutschen Meister zu führen, lässt sich ebenfalls nur mithilfe großen Einflusses bewerkstelligen. Zunächst müsste ich ein paar Millionen für den Verein locker machen, dann wird das schon irgendwie. Wie kommt meine Verlobte bloß darauf, ich würde zum Größenwahn neigen? Das sind doch völlig bodenständige und bescheidene Gedanken.

Wertschätzung

Als meinen dritten Stressverursacher sehe ich das Bedürfnis nach Wertschätzung. Wenn meine Arbeit gewürdigt wird, dann gibt mir das ein gutes Gefühl. Und damit stehe ich nicht alleine da, denn viele Angestellte sehnen sich ebenfalls danach. Sie liefern oft deshalb so vorbildlich ab, weil sie von ihrer Führungskraft anerkannt werden möchten, und zwar nicht nur für die Arbeit selbst, sondern auch rein menschlich. Laut einer Umfrage stellt die fehlende Wertschätzung den häufigsten Kündigungsgrund dar; noch vor einem zu niedrigen Einkommen.[8] Also liebe Chefinnen und Chefs da draußen: Vergesst nicht, euren Mitarbeitern den Bauch zu pinseln, ihr werdet es sonst irgendwann bitter bereuen.

Ist mein Stress kurz- oder langfristig?

Nun lösen diese ganzen Faktoren nicht immer den gleichen Stress in uns aus, denn es gibt zwei unterschiedliche Stressarten. Zum einen ist da der kurzfristige, positive Stress, den wir in Hochleistungsphasen erfahren – zum Beispiel bei der Einführung von *Lehrerschmidt*-Produkten –, der dann aber plötzlich abfällt, wenn die Hürde endlich überwunden ist. Diesen *Eustress* erfahren wir regelmäßig, vor allem dann, wenn wir unsere Komfortzone verlassen (müssen). Es ist der Moment der Erleichterung nach einer erfolgreichen Präsentation, der uns dieses erhabene Gefühl gibt, dass sich die stressige Vorbereitung gelohnt hat. Darauf arbeiten wir hin. Das wollen wir spüren!

Und zum anderen gibt es den langanhaltenden, negativeren Stress, der auch *Disstress* genannt wird und viel gefährlicher für Körper und Psyche ist. Eine Führungskraft könnte ihn beispielsweise erfahren, wenn sie mit einem dauerhaft unterbesetzten Team arbeiten muss und daraus die Angst vor dem Kontrollverlust resultiert. Das fehlende Licht am Ende des Tunnels macht den Unterschied zum harmlosen *Eustress* aus, ohne den wir gar nicht imstande wären, Höchstleistungen zu erbringen. Solange der Stress also regelmäßig abflacht, gibt es keine Probleme.

Gibt es einen Stressabbauplan?

Der größte Stresskiller war für mich eindeutig die Trennung von beruflicher und privater Zeit. Jetzt magst du die Hände über dem Kopf zusammenschlagen und vor dich hin murmeln: »Wie kann er nur! Er ist doch Unternehmer und sollte Tag und Nacht arbeiten, erst recht bei so größenwahnsinnigen Zielen.« Es spricht nichts dagegen, viel zu arbeiten, wenn wir lieben, was wir tun. Ich sehnte mich aber nach Tagesabschnitten, die nur meiner Verlobten, meiner Familie, meinen Hobbys und meinen Freunden galten – eben nur Privatem. Das Geschäftliche hatte in diesen Zeiten Sendepause. Obwohl, nein. Das stimmt nicht. Gesendet wurde weiterhin, aber mein Empfang war deaktiviert! Analog zum Business blockte ich mir für Privates Termine in meinem Kalender, zu denen ich mich zwang. Das musste sein, sonst hätte ich mich nicht daran gehalten.

Dieses Vorgehen ist sehr empfehlenswert, wenn du die Gefahr eines Burnouts verringern möchtest. Denn die kleinen digitalen Helfer, die uns auf Schritt und Tritt begleiten, verleiten uns leider viel zu leicht dazu, »noch eben schnell« eine Mail zu schreiben, anstatt den Feierabend zu genießen. Aber niemand sollte zulassen, dass Berufliches die private Gefühlslage stärker beeinflusst als nötig, und das setzt Disziplin voraus. Anbei noch ein paar weitere Ideen, die zumindest mir zu einem stressfreieren Leben verholfen haben:

- Handyfreie Zonen erschaffen.
- Freizeitbeschäftigungen nachgehen: Joggen, Fußball, Sauna, Lesen.

- Absender, die jede E-Mail mit einem Ausrufezeichen versehen und somit dessen Bedeutung inflationieren, prinzipiell einen Tag länger warten lassen, weil Pseudowichtigkeit nervt.
- Eine »wichtige« Angelegenheit einen Tag liegen lassen und gucken, was passiert.
- »Nein« in den Wortschatz integrieren: »Kannst du mir gerade mal helfen? Geht ganz schnell.« – »Nein!«
- Binauralen Geräuschen lauschen. Nein, das Wort »binaural« habe ich mir nicht ausgedacht.
- Einmal pro Woche eine »Mantaplatte« einverleiben und auf Transfette pfeifen.
- Auch am schlimmsten Tag trotzdem eine positive Sache ins Tagebuch schreiben.
- Zu der Erkenntnis gelangen, dass etwas Stress ein ewiger Begleiter bleibt, wenn wir Großes erreichen wollen.
- Zu wissen, dass wir niemals alle zufriedenstellen werden. Und das müssen wir auch gar nicht.
- Dem Perfektionierungsdrang widerstehen.
- Zu Pausen zwingen, weil ein gestresstes Gehirn nur Shit produziert.

»Kleine« Fehler,
die die Existenz bedrohen

Ideen für ein stress-
freieres Leben

1.5 Ich habe Angst

Wir Deutschen gelten als gemeinhin vorsichtig. Das wird bei einem Blick auf die Versicherungsstatistik deutlich. Im Jahr 2019 wurden 446,2 Millionen Vertragsabschlüsse gezählt, womit jeder Deutsche im Durchschnitt 5,3 Policen innerhalb eines Jahres (!) abschloss. Tendenz steigend. Am beliebtesten sind Schaden- und Unfallversicherungen wie beispielsweise eine private Haftpflichtversicherung.[9]

Auslöser für viele dieser Vertragsabschlüsse sind Sorgen und Ängste. Hausbesitzer fürchten sich vor Elementarschäden oder davor, die Darlehensrate nicht mehr bedienen zu können. Autobesitzer haben Angst vor Beulen und Kratzern an ihrem Prachtstück. Führungskräfte haben Bedenken, den Anforderungen nicht zu genügen. Arbeitnehmer bekommen Schnappatmung bei dem Gedanken an die plötzliche Kündigung oder die Berufsunfähigkeit. Unternehmer bekommen Bauchschmerzen, wenn sie sich die Insolvenz vorstellen oder wie sie Leute entlassen. Aktienanleger sorgen sich permanent um ihr investiertes Kapital. Und Helikopter-Eltern prognostizieren eine schwere Vergiftung, wenn sich ihre Tochter einen selbstgemachten zucker- und lactosefreien Fruchtsaftbären in den Mund stopft, den sie kurz zuvor vom frisch desinfizierten Laminatboden aufgehoben hat. Doch wären all diese Szenarien wirklich so dramatisch, wie sie in den Gedanken oft erscheinen?

Wenn du das wissen willst, schreibst du dir am besten in allen Details auf, was dir Angst macht. Anschließend kannst du darüber nachdenken, wie realistisch die ausgemalten Konsequenzen sind, und dir Lösungsansätze überlegen. Nach dem Prinzip: Wenn Ereignis A eintritt, ergreife ich Maßnahme B.

Lange Zeit ließ mich der Gedanke, irgendwann mal jemanden entlassen zu müssen, nicht ruhig schlafen. Ich wollte einfach nicht dafür verantwortlich sein, dass die betroffene Person meinetwegen in finanzielle Not gerät. Also schrieb ich alle Szenarien auf, die sich damit in Verbindung bringen ließen. Die meisten endeten damit, dass die Person sicherlich im ersten Moment schockiert sein, aber durch ihre Stärken schnell anderswo einen Job finden würde. Und dann war es irgendwann in unserer ersten Krise so weit: Wir mussten nicht nur einen Mitarbeiter, sondern gleich *sieben* entlassen. Es war kein schönes Gefühl, diese Nachrichten überbringen zu müssen! Interessanterweise aber hatten die meisten Verständnis für unsere Situation und akzeptierten sie. Außerdem fanden sie schnell Alternativen, teilweise mit besserer Bezahlung, interessanteren Aufgaben und mehr Sicherheit. Es war beeindruckend, wie schwarz ich mir die Gespräche zuvor vorgestellt hatte und wie »normal« sie dann doch abgelaufen sind.

Nie vergessen werde ich das Telefonat mit einem unserer Investoren im Anschluss an die durchgeführten Kündigungen: »Jungs, Chapeau! In so jungen Jahren eine solch schwierige Entscheidung zu treffen und so straight durchzuziehen, das ist beeindruckend.« Das meinte er keineswegs respektlos gegenüber den Gekündigten. Vielmehr wollte er damit sagen, dass viele junge Unternehmer solche harten Entscheidungen so lang vor sich herschieben, bis es irgendwann zu spät ist. Außerdem war er sich sicher, dass uns diese frühe Krise guttun würde, womit er am Ende Recht behalten sollte. Frühe Krisen stärken ein Unternehmen in einer formbaren Phase. Viel kritischer wäre es aus seiner Sicht gewesen, wenn wir fünf rosige Jahre erlebt und uns dann aus heiterem Himmel die »Keule« niedergestreckt hätte. Je länger der Aufschwung andauert, desto weniger rechnet man nämlich mit schlechten Zeiten. Und desto schwieriger ist es auch, mit diesem Angriff umzugehen.

Doch Leute zu entlassen war gar nicht meine schlimmste Angst. Noch panischer wurde ich beim Gedanken an die Privatinsolvenz. Sie ist der größte Schatten, der mich seit Beginn meiner Unternehmerreise begleitet. Diese Angst davor, alles verlieren zu können, was wir uns mühselig aufgebaut haben, und das vielleicht nur wegen eines einzigen entscheidenden Fehlers in der Wachstumsphase. Diesen Weg sind wir zwar voller Überzeugung gegangen, uns war aber stets bewusst, dass rasantes Wachstum ebenso rasant auf einen sehr schmalen Grat führen kann, auf dem die Eigenkapitalquote *gerade noch akzeptabel* ist. Wer von diesem Pfad abkommt, der ist überschuldet.

Aber selbst dem Schreckgespenst der Insolvenz kann man analytisch begegnen. Die Frage ist, was wäre, wenn sich ein solches Desaster ereignen würde? Welche Optionen blieben mir dann? Auch das habe ich mir aufgeschrieben. Zunächst einmal habe ich ein gutes Netzwerk von Investoren und Unternehmern aufgebaut. Die Chance auf ein Darlehen zu einem fairen Zins besteht also. Und dann sind da noch Banken, die ich schon mehrfach von unserem Geschäftsmodell überzeugen konnte. Auch hier wäre Hilfe denkbar. Zu guter Letzt könnte ich Unternehmensanteile liquidieren und mich so retten. Solche Gedankengänge haben mir ungemein dabei geholfen, meine Ängste zu ordnen und bereits frühzeitig nach Hoffnungsschimmern zu suchen. Das wirkte sich auf meine Schlafqualität aus.

Das Erarbeiten von Lösungsansätzen half uns übrigens auch durch die Coronakrise. Wir waren vorbereitet, denn wir hatten dank vorheriger Krisen eine Checkliste erstellt, was in solchen Fällen zu tun ist. Sie bestand im Wesentlichen aus den folgenden Hauptpunkten:

- Wenn Umsatz und Gewinn massiv einbrechen, müssen wir Mitarbeiter entlassen, um Personalkosten einzusparen.
- Wir zahlen geringere Unternehmergehälter aus.
- Wir versuchen weitere Kosten einzusparen, wo es nur geht.
- Wir gehen in Kurzarbeit.
- Wir disponieren auf gewinnbringende Sparten um.
- Wir optimieren den Cashflow.
- Wir kurbeln Vertrieb und Marketing an.
- Wir greifen auf Förderungen und Soforthilfen zu.

Dank solcher Checklisten bewältigt man Krisen besser, denn dadurch wird das Risiko verringert, Opfer einer Schockstarre oder Panik zu werden. Beides wäre definitiv kontraproduktiv, weil die Schockstarre lähmt und die Panik zu unüberlegten Handlungen verleitet.

Welche Auswirkungen Paniken haben können, lässt sich regelmäßig an der Börse beobachten; zum Beispiel im März 2020. Im Sog des Kurssturzes verkauften einige Bekannte aus Angst ihre Wertpapiere mit herbem Verlust. Sie wollten »Schlimmeres vermeiden«. Es ist doch wirklich interessant, dass sich seit der Gründung der ersten Börsen im 16. Jahrhundert dieses zyklische Verhalten nicht verändert hat. Im Gegensatz zu damals kann ein heutiger Anleger mit Internetzugang aber ganz einfach feststellen, dass der DAX seit seiner Einführung am 1. Juli 1988 zwar viele Hochs und Tiefs hatte, langfristig aber nach oben gewandert ist. Warum also werden Aktien von den meisten immer noch als sehr kurzfristiges Glücksspiel betrachtet? Und warum werden Aktien immer noch im Rausch der Hochphase gekauft – wie ein Jahr später im März 2021 –, hingegen in der Tiefphase panisch verkauft, obwohl offensichtlich ist, dass ein antizyklisches Verhalten viel sinnvoller wäre? Aus Gier und Angst!

Eine klare Strategie, was im Falle des Falls zu tun ist, hilft auch hier. So können Krisen gezielt als Einkaufschance genutzt oder ausgesessen werden. Und ein wochenlanger Aufschwung, wo ein Allzeithoch das nächste jagt, wird hoffentlich als Warnzeichen erkannt. Wer längere Zeit am verrückten Börsenspiel teilnimmt, der härtet sich automatisch gegen panisches Verhalten ab.

Passend zum Thema Aktien: Oliver Flaskämper und ich auf einem Startup-Event. Oliver hat nicht nur über den Technologiefonds in StudyHelp investiert, sondern ist als Seriengründer auch Vorreiter in der deutschen Krypto-Szene; u.a. hat er den Marktplatz **www.bitcoin.de** gegründet.

Checkliste für Krisen

1.6   Das Geheimnis dorniger Chancen

Es war im Spätsommer 2019 am Düsseldorfer Flughafen. Nachdem wir in der Firma ein sehr belastendes Problem gelöst hatten, befand ich mich auf dem Weg nach Ibiza, wo ich mit meinen Jungs ein paar feuchtfröhliche Tage verbringen wollte. Wie der Zufall es so will, traf ich am Gate Christian Lindner. Er hatte gerade die Sicherheitskontrolle passiert und orientierte sich. Ich nutzte die Chance: »Hallo Herr Lindner, welch ein Zufall. Erinnern Sie sich an mich? Wir haben uns mal in Paderborn bei einer Diskussionsrunde kennengelernt.« Er machte eine nachdenkliche Miene und entgegnete zwei Sekunden später: »Ja klar! Wir haben doch damals das *Gründerstipendium NRW* ins Leben gerufen.« Ich war verblüfft, wie schnell er das abrufen konnte: »Genau! Mittlerweile haben schon viele Paderborner Gründer das Stipendium erhalten. Danke noch mal, dass Sie sich dafür eingesetzt haben!«

Wir plauderten ein wenig über dies und jenes, machten ein obligatorisches Selfie, woraufhin sich unsere Wege wieder trennten. Schließlich wollte ich seine Geduld nicht unnötig lange strapazieren, war ich doch vermutlich schon die fünfte Person am Flughafen, die noch schnell ein seriöses Foto von sich und einem Politiker benötigte, bevor das Niveau durch den Genuss alkoholischer Getränke schneller fallen würde als die Umfragewerte der Union. Und während ich auf die Ansage des Bodenpersonals wartete, schmunzelte ich: »Man trifft sich wirklich immer zweimal im Leben.« Bis zu diesem Zeitpunkt empfand ich den Satz als eine Plattitüde, die man vor allem dann verwendet, wenn man an übernatürliche Fügungen glaubt und die Stochastik unterschätzt. Aber plötzlich wurde ich mir der Unheimlichkeit dieser Begegnung bewusst.

Lange Zeit vorher, im Jahr 1997, prägte Christian Lindner die Umschreibung »dornige Chancen« für Probleme. Lindner war bereits als Abiturient erfrischend eloquent, sah schon damals aus wie ein Unternehmer, aber eher nicht wie ein Politiker, und er träumte von einer eigenen GmbH, die Marketingkonzepte für Unternehmen anbieten sollte. Dieses Konzept setzte er später auch tatsächlich um. Und an ebendieses Video musste ich plötzlich denken, das als *Fundstück der Woche* Jahre später von *Stern TV* auf YouTube veröffentlicht wurde. Denn unser Wiedersehen erinnerte mich schmerzlich an die Dornen, die mich und meine Mitgründer gequält hatten, und von denen wir uns erst 24 Stunden zuvor in einem Notartermin befreien konnten. Wir hatten es nämlich bei StudyHelp mit einer äußerst dornigen Chance zu tun gehabt. Sie war die Dornenhecke unter allen Chancen, allerdings war von Dornröschen leider keine Spur.

Die unfreiwillige Akupunktur begann im August 2019, einige Wochen vor einem wichtigen Notartermin, in dem wir eine Kapitalerhöhung beurkunden wollten. Unsere Investoren versprachen uns 700.000 Euro, weil sie große Wachstumschancen sahen, die wir mithilfe dieses Betrags realisieren wollten. Allerdings knüpften sie ihre Zahlungsbereitschaft an eine wichtige Bedingung: Wir müssten die Kooperation mit unserer »Werbefigur« garantieren. Diese Werbefigur – kein Maskottchen, sondern ein menschliches Wesen aus Fleisch und Blut – besaß einen YouTube-Kanal mit damals etwa 500.000 Followern. Die Kooperation erlaubte es uns, mit ihrem Gesicht auf unseren Produkten zu werben. Im Gegenzug erhielt sie dafür eine Beteiligung an StudyHelp sowie an den Umsätzen der entsprechenden Produkte.

Dieser Kooperationsvertrag wäre erst Ende 2019 ausgelaufen und hätte sich automatisch für ein Jahr verlängert, was den Investoren als Garantie für die 700.000 Euro ausreichte. Aber wir hatten uns zu früh gefreut, denn es zogen düstere Wolken auf.

Schon einige Zeit vorher hatte unsere Werbefigur zur administrativen Unterstützung ein Management engagiert. Und ebendieses Management kündigte uns völlig überraschend den laufenden Kooperationsvertrag, mitten in der Vorbereitungsphase auf den für uns so wichtigen Notartermin. Diese Kündigung war aus zwei Gründen sehr bedrohlich: Erstens wegen der Garantie für die Kapitalerhöhung. Und zweitens war unsere Werbefigur ebenfalls Gesellschafter unserer Firma! Sie musste demnach der Kapitalerhöhung genauso zustimmen wie alle anderen Gründer und Investoren. Das klingt nach einer starken Verhandlungsposition, um ein neues Honorar auszuhandeln, oder? Erschwerend kam hinzu, dass wir nicht mehr direkt mit unserer Werbefigur, sondern nur noch über fremde Leute kommunizieren konnten. Das war ungewohnt für uns, da wir doch bisher eher als »Buddys« zusammengearbeitet hatten. Wir sollten bald verstehen, dass hier jemand eine Chance witterte.

Das eigentliche Problem war nämlich, dass man mehr Geld wollte. Deutlich mehr Geld. Für Werbedienste dieser Art halte man eine jährliche sechsstellige Vergütung für angemessen, so das Management. Immerhin vertrete man auch Helene Fischer und Dieter Bohlen, was sei da also eine sechsstellige Summe für einen erfolgreichen Youtuber? Ich wusste zwar nicht, welche bewusstseinserweiternden Substanzen die lieben Damen und Herren des Managements konsumiert hatten, aber eines wusste ich ganz sicher: In der Bildungsbranche ist ein sechsstelliges Honorar für das Bewerben von ein paar Skripten eine ganze Menge!

Diese Methode kam uns sehr barsch, dreist und vor allem unfair vor. Zu diesem Zeitpunkt sah es so aus, dass unsere Werbefigur den Investmentvertrag nicht unterschreiben würde, es sei denn, wir ließen uns auf die horrende Forderung ein. Deswegen waren wir gezwungen, das Dilemma bei unseren Investoren anzudeuten. Wir gingen sehr zaghaft vor, weil wir wussten, wie wichtig ihnen die »Garantie-Klausel« war. Doch sie musste angepasst werden, denn wir wollten nicht mehr für den Kooperationsvertrag haften. Zu groß erschien uns das Risiko, nach erfolgreicher Kapitalerhöhung im schlimmsten Fall die 700.000 Euro zurückzahlen zu müssen. Das hätte eine Privatinsolvenz bedeutet. Doch unser Versuch, die Klausel anzupassen, schmeckte unseren Investoren überhaupt nicht. Allein, dass wir an diesem für sie so wichtigen Eckpfeiler rüttelten, ließ den Vertrag schon fast vor dem Notartermin platzen. Aber zum Glück nur fast.

Am Vorabend des Notartermins erhielten wir dann eine lange E-Mail von unserer Werbefigur, die sehr förmlich und weniger *buddymäßig* geschrieben war. Darin teilte sie uns mit, dass sie morgen zwar zum Notar käme, den Vertrag so aber keineswegs unterzeichnen könne. Die Garantie-Klausel für den Werbevertrag müsse ganz raus, bevor wir nicht über neue Bedingungen – förmliche Umschreibung für »Kohle« – verhandelt hätten. Dieses Vorgehen war klar, denn die Klausel war das ultimative Druckmittel gegen uns. Es war ein Thriller. Carlo und ich telefonierten noch um 22:00 Uhr und überlegten, wie wir uns aus dieser Scheiße ziehen könnten. Doch daraus resultierte nicht viel. Keine Voraussetzung für guten Schlaf.

Am darauffolgenden Morgen riefen wir dann das Management der Werbefigur an, um die Sache zu klären. Wir erklärten, dass nur wir Gründer und nicht ihr Klient für die Kapitalerhöhung und die Verlängerung des Werbevertrags haften würden. Eine Konventionalstrafe würde sie keinesfalls erwarten. Aber das wollte das Management nicht verstehen. Erneut merkten wir, worum es ihnen wirklich ging.

Ergo war bis zum Notartermin um 10:00 Uhr nichts geklärt, im Gegenteil. Wir waren gezwungen, den Notar zu bitten, sich noch etwas zu gedulden, da wir noch »Details mit einer der Vertragsparteien« zu verhandeln hätten. Das war eine sehr unangenehme Situation, weil wir dem Notar die Situation wegen der sich überschlagenden Ereignisse bisher nicht adäquat erklären konnten. Und auch jetzt war dafür keine Zeit. Erschwerend kam hinzu, dass unser Hauptinvestor bei der Beurkundung nicht anwesend war. Er ging davon aus, dass alles klar wäre und er den Vertrag einfach *nachgenehmigen* könnte. Eigentlich konnten wir ohne den Hauptinvestor sowieso keine tragfähige Entscheidung fällen.

Also versuchten wir unsere Werbefigur zu bekehren. Wieder und wieder gingen wir mit ihr den Vertrag durch, die gefühlt eine Standleitung mit ihrem Management hatte, und versuchten ihr die *Bindungssorgen* aus dem Kopf zu schlagen. Schließlich lag das komplette Risiko allein bei uns Gründern. Wir waren die Angezählten. Und wir standen in Zugzwang. So stark konnten wir das aber nicht betonen, denn das hätte unsere Verhandlungsposition in Bezug auf den Honorarwunsch weiter geschwächt, wodurch man von uns vielleicht als nächstes eine Finca in Cala Ratjada gefordert hätte.

Es ging hin und her. Mehrfach stand unsere Werbefigur auf, telefonierte mit ihrem Management, ließ sich bezüglich unserer Gegenforderung beraten, setzte sich, nannte uns ihre Gegengegenforderung und verhandelte weiter. Immer wieder kam sie mit kuriosen Forderungen um die Ecke, zu denen ihr ihr Management riet. Noch nie in meinem Leben hatte ich so geschwitzt, die Luftfeuchtigkeit im Raum war äquatorial. Nach etwa anderthalb Stunden, als einer von uns Gründern schon meinte, dass es das jetzt wohl gewesen sei, konnten wir die Werbefigur schließlich davon überzeugen einzulenken. Wir passten die Garantie-Klausel etwas an und einigten uns auf ein deutlich niedrigeres Honorar, mit dem wir alle Leben konnten. Im Anschluss las der Notar den Vertrag *vier* verdammt lange Stunden vor, wodurch ich endlich verstand, wie relativ die Zeit doch ist. Während dieser *Lesung* sehnte ich mich erneut nach einem Antitranspirant, denn unsere Werbefigur hätte es sich mit Leichtigkeit anders überlegen können, solange der Vertrag nicht unterschrieben worden war. Meines Erachtens geschah das aber aus drei wesentlichen Gründen nicht:

Erstens: Ihr wurde bewusst, dass wir ohne ihre Unterschrift ruiniert wären. Wir hatten in der Vergangenheit zu viel gemeinsam durchgemacht, um es auf diese elende Weise enden zu lassen. Es gab gemeinsame Werte, die hier wirkten, wenngleich die Partnerschaft wegen der sehr fragwürdigen Verhandlungsmethode strapaziert war.

Zweitens: Falls es zu unserem Ruin gekommen wäre – ich würde sagen, wir standen mit 1,5 Beinen in der Privatinsolvenz –, hätte sie mit uns keinen einzigen Cent mehr verdient. Aus ökonomischer Sicht wäre es demnach unlogisch gewesen, nicht zu unterschreiben, denn ihre Werbeeinnahmen mit uns waren zuvor stetig gestiegen.

Drittens: Sie befürchtete, dass sie Unternehmensanteile an Study-Help verlieren könnte, da im damaligen Beteiligungsvertrag eine sogenannte *Vesting-Klausel* vereinbart wurde, auf die wir hätten klagen können.

Heute bin ich mir sicher, dass diese Situation ein kritischer Punkt für mich als Unternehmer war. Ich wäre wahrscheinlich zum ersten Mal in meiner Unternehmerlaufbahn gebrochen gewesen. Und ich bezweifele, dass ich genügend Kraft gehabt hätte, weiter durchzuhalten. Zumindest hätte ich mir ein einjähriges *Sabbatical* nehmen müssen. Zu diesem Zeitpunkt liefen nämlich einige Sachen unrund, sowohl beruflich als auch privat. Mein Onkel verstarb kurz zuvor, ein Investor sprang ab, die anderen Investoren wurden somit quasi angebettelt, es gab große familiäre Probleme und Krankheiten, Rot Weiss Ahlen hatte ebenso eine Krise und dann kam noch diese Situation. Dieser fast geplatzte Deal hätte mich endgültig aus der Bahn geworfen.

Seitdem kann ich gut verstehen, warum manche Menschen abstürzen. In einer stabilen Atmosphäre kann man sich schwer vorstellen, warum manche Leute nicht mehr gesellschaftstauglich sind. Die Summe der Ereignisse ist es, die ihnen zum Verhängnis wird. Zum Beispiel: Die Mutter stirbt, dadurch schlechtere Performance im Job, plötzlich die Kündigung in der Hand, daraufhin haut die Partnerin oder der Partner ab, der Freundeskreis kehrt einem den Rücken zu, weil er das Leid nicht ertragen möchte, und schließlich bettelt die Person am Bahnhof Leute an, weil sie sich zudröhnen möchte, um dem Zirkus geistig zu entfliehen. Niemand sucht sich das freiwillig aus, die Ereignisse lassen die Person da hineinschlittern.

Das war jetzt aber genug Drama. Eventuell habe ich auch etwas übertrieben. Du sollst mit einem positiven Gefühl aus dem Abschnitt gehen, deshalb fasse ich dir jetzt noch die vielen Chancen und Learnings zusammen, die sich in der quälenden Dornenhecke verbargen:

- Höhere psychische Belastbarkeit: Mich bricht so schnell nichts mehr.
- Stärkung der Partnerschaft mit unserer Werbefigur. Manchmal braucht eine Partnerschaft so einen Zwischenfall, um danach stärker denn je zu sein. Übrigens feuerte sie kurze Zeit später ihr Management. Normalerweise freut mich sowas nicht, in diesem Fall öffnete ich aber gedanklich den Champagner. Und die Werbefigur ebenso.
- Wertvolle Verhandlungserfahrungen gesammelt.
- Kontrollzwang abgebaut: Heute geben wir viel mehr Verantwortung ab. Zum Beispiel lassen wir Finanzierungsrunden durch Berater anschieben.
- Erneut die Bestätigung erhalten, dass sich Durchhalten lohnt.
- Persönliche Erkenntnis gewonnen, dass sich anscheinend auch scheinbar unlösbare Probleme lösen lassen.

Einen Tag nach dem Notartermin ging es dann verdient nach Ibiza. Das Wiedersehen mit Christian Lindner erinnerte mich daran, dass jedes Problem sein Positives hat. Probleme kommen und gehen, die Erfahrungen bleiben. Ein ziemlich tiefgründiger Start in einen Suff-Urlaub.

2017: Ich, Christian Lindner und Carlo (v.l.n.r.) im Anschluss an die Diskussionsrunde über das Gründerstipendium NRW bei TecUP.

2019: Meine zweite Begegnung mit Christian Lindner am Düsseldorfer Flughafen. Es leben die dornigen Chancen! ;-)

Fundstück der Woche:
Christian Lindner

1.7   Der Bauch und sein Vetorecht

Es gibt Entscheidungen, die lassen sich nur schwer analytisch fällen. Eine bestimmte Körperregion wird dann zu Rate gezogen: der Bauch. »Hör auf dein Bauchgefühl!«, lautet ein gängiger Tipp, wenn wir jemanden um seine Einschätzung bitten. Aber warum soll ausgerechnet der Bauch wissen, was zu tun ist?

Das Bauchgefühl ist ein Sammelbegriff für die *somatischen Marker*, die Mediziner in unserem Körper entdeckt haben. Allen voran der portugiesische Neurowissenschaftler António Damásio, der mit seiner Hypothese im Jahr 1997 diese Umschreibung prägte. »Soma« ist griechisch für »Körper«. Noch vor hundert Jahren war die weitläufige Meinung, Körper und Geist wären stets getrennt voneinander zu betrachten, verliefen also parallel und völlig unabhängig. Damásio setzte sich dafür ein, einen deutlich größeren Zusammenhang zwischen Körper und Geist herzustellen. Er vertritt die Meinung, dass der Körper mit einem digitalen Mechanismus auf Entscheidungen, Situationen und Menschen reagiert. Digital deshalb, weil die Lampe entweder an oder aus ist, wobei »an« Zustimmung und »aus« Ablehnung gleichkommt. Das wiederum vermittelt der Körper anhand von typischen Reaktionen wie gefühlter Wärme für etwas Gutes oder Kälte für etwas Schlechtes, ein wohliges Kribbeln im Bauch gegenüber einem beklommenen Gefühl in der Brust. Es gibt auch diese bestimmte Gänsehaut, die nicht durch Kälte verursacht wird, sondern beispielsweise durch nette Worte einer bestimmten Person. Viele Menschen haben sich infolge der Industrialisierung zunehmend verkopft und verlernt, diesen Signalen Beachtung zu schenken. Dabei besitzt jeder das Gespür, sie wahrzunehmen.[10]

Zurzeit befinden wir uns bei StudyHelp in einer zwiespältigen Situation, in der mal wieder die Unterstützung der Bauchregion sehr hilfreich wäre. Wir müssen eine Entscheidung fällen, die sich unmöglich ausschließlich analytisch fällen lässt. Uns liegt das Angebot eines europäischen Unternehmens vor, das 51% der Anteile von StudyHelp kaufen will. Das Unternehmen kommt aus derselben Branche wie wir und plant, nach Deutschland zu expandieren. Dafür benötigt es das Netzwerk und die Expertise eines lokalen Players. Sie haben uns auserkoren, wodurch wir uns schon per se geschmeichelt fühlen.

Das Angebot ist sowohl reizvoll wie auch riskant. Zunächst würden Carlo und ich unmittelbar nach Unterzeichnung mit einem sechsstelligen Betrag entschädigt. Außerdem blieben wir weiterhin die Geschäftsführer, und zwar für mindestens fünf Jahre. Und jetzt kommt der Appetizer: Nach diesen fünf Jahren, insofern sich StudyHelp in die gemeinsam festgelegte Richtung entwickelt hätte, bekämen wir dann einen siebenstelligen Obolus für unsere Dienste. Zeitgleich würden aber auch unsere restlichen Prozente zu den Investoren hinüberwandern, wodurch uns jegliche Macht genommen worden wäre. Würdest du dich für den Exit entscheiden?

Rational betrachtet scheint das Angebot zu verlockend, um es ausschlagen zu können. Immerhin wäre unsere Firma durch diese Investmentstütze für die nächsten fünf Jahre abgesichert. Ziemlich komfortabel, wo wir doch vor nicht einmal zwei Jahren lediglich um Haaresbreite der Pleite entkommen waren. Hinzu kommt die Tatsache, dass meine Verlobte und ich Nachwuchs erwarten. Sie lässt das Argument »Sicherheit« wichtiger erscheinen, das auch meine Unternehmerfreunde betonten. Einige hatten sich bei ähnlichen Angeboten für den Exit entschieden und berichteten von einem »befreienden Gefühl«.

Geld beruhige die Nerven, sagten sie. Es ermögliche, den Druck aus der Firma zu nehmen, sich eine Auszeit zu gönnen oder eventuell mit einem neuen Thema zu gründen. Das klang alles sehr logisch. Zu logisch! »Dein Kopf geht viel zu engstirnig an die Sache heran!«, mahnte deshalb mein Bauch. Er riet mir, mit dem Exit noch zu warten: »Es dauerte sieben lange Jahre, bis das Geschäft so richtig in Schwung kam, und jetzt willst du so voreilig deinen Abgang besiegeln? Das kann doch nicht dein Ernst sein? StudyHelp kann auch aus eigener Kraft weiterwachsen, ich fühle es!« Wow, kann mein Bauch überzeugend sein. Und es stimmt: Der Verkauf der Mehrheit unserer Firma fühlt sich in meiner Vorstellung wie das Ende einer Ära an. Es fühlt sich an, als würde ich mir damit mein Unternehmergrab schaufeln.

Zu diesem emotionalen Überzeugungsversuch habe ich eine These: Das Bauchgefühl ist mit der Leidenschaft verbunden, und diese Leidenschaft bleibt bei zu kopflastigen Entscheidungen auf der Strecke. Alle meine bisherigen Entscheidungen, die zwar rational sinnlos schienen, sich aber emotional gut für mich anfühlten, haben sich nachträglich als richtig erwiesen. Weil ich zu einhundert Prozent dahinterstand! Und deshalb konnte ich eine solche Leidenschaft für diese Entscheidung aufbringen, sodass ich das gewünschte Ergebnis am Ende immer erzielen konnte, auch wenn rational einiges für einen anderen Weg sprach.

Trotzdem bin ich nach wie vor hin- und hergerissen, denn mein Kopf argumentiert immer wieder dagegen: »Willst du wirklich auf deine Eingeweide hören? ICH habe die Neuronen und Synapsen! Dein Bauch hat nur Gedärme, was wissen die schon? Bewerte das Thema nicht emotional, sondern hör auf mich: auf deinen kühlen Kopf.«

Mein Bauch, der Impulsgeber

Vielleicht muss man die Sache gar nicht schwarz oder weiß sehen. Es könnten doch beide recht haben – Kopf und Bauch. Das Bauchgefühl kann nämlich lediglich ein Impulsgeber sein. Er sagt dem Kopf, die Sache noch mal in eine andere Richtung zu denken, die bisher unberücksichtigt blieb. Wenn dann zusätzliche Informationen vorliegen, verbessert sich möglicherweise auch das Gefühl, und der Bauch zieht sein Veto zurück.

Jedenfalls wies mich mein Bauch in der aktuellen Verhandlungssituation darauf hin, noch nicht all meine Interessen berücksichtigt zu haben. Wenn du wissen möchtest, ob er schließlich auf seinem Vetorecht beharrt hat, hier erfährst du es:

Veto oder kein Veto?

1.8 Die Verhandlung

Stell dir vor, du befindest dich auf einem Basar und streitest mit dem einheimischen Verkäufer über den Preis einer »originalen« Jeans. Der Verkäufer beteuert, sie wäre eine waschechte Levi's. Bei einem Preis von 20 Euro bist du da aber zu Recht etwas skeptisch. Trotzdem ist sie ein echter Hingucker – du musst sie haben! Also startest du einen Versuch, den Preis zu drücken. Du bietest ihm 10 Euro, worauf er dich ansieht, als wärst du wahnsinnig: »No, no, no. This is original Levi's jeans! Are you serious? Ok wait: Let's say 18 because you are my friend.«

Das ist zwar schon mal ein Anfang, der dich aber noch längst nicht zufriedenstellt. Folglich suchst du nach überzeugenden Argumenten, den Preis weiter in deine Richtung zu bewegen, und drückst in bestem Touristenenglisch auf die Tränendrüse: »C'mon! 18 is way too much. Look at me: I'm a poor German and alcohol at the hotel bar is sooo expensive. Price for one Gin Tonic is 10 Euro. Unbelievable! My last word is 13.« Daraufhin wehrt er sich noch ein letztes Mal, und schließlich einigt ihr euch auf 15 Euro. So viel zur Bedeutung des sogenannten »last word«. Während ihr den Deal mit einem Handschlag besiegelt, blickt er dich durch seine braunen Augen derart traurig an, dass dir deine harte Tour sogar etwas leidtut. Aber nicht so leid, dass du mehr als 15 bezahlt hättest. Das muss es auch gar nicht, weil die Jeans vermutlich keine 5 Euro wert ist. Viel wichtiger aber ist die Frage: Habt ihr gefeilscht oder verhandelt?

Nach meiner Definition habt ihr eher gefeilscht, denn dein primäres Ziel war es, den Kaufpreis zu drücken, während der Händler das genaue Gegenteil bezweckte. Verhandeln ist jedoch weit komplexer und beschränkt sich nicht nur auf oberflächliche Preisgespräche. Die Zusammenarbeit mit Geschäftspartnern, Kunden, Lieferanten, ein Darlehen von der Bank, das Angebot eines Investors, die Arbeitsverträge mit Mitarbeitern und vieles mehr kann verhandelt werden. Selbst privat wird viel verhandelt: Verbringen wir unseren Urlaub in der USA oder doch lieber in Thailand? Gehen wir heute Abend in ein italienisches Restaurant oder lieber in ein spanisches? Darf unsere Tochter schon im zarten Alter von 12 Jahren ein Smartphone besitzen? Sobald sich mindestens zwei Menschen uneinig über etwas sind, sich aber grundsätzlich einigen wollen, muss verhandelt werden.

Beim Feilschen interessieren sich die Parteien kaum füreinander. Werte und Interessen spielen meist keine Rolle und die Parteien wollen »stumpf« ihren Willen durchsetzen. Wenn das nicht gelingt, können sie schon mal bockig werden. Eine gute Verhandlung lässt hingegen tiefer blicken und beantwortet die Frage: Warum werden die Beteiligten bockig?

Die Werte erkennen

Bei jeder Entscheidung – somit auch bei jeder Verhandlung – sind Wertevorstellungen beteiligt. Damit sind moralische Attribute wie Ehrlichkeit, Zuverlässigkeit, Treue, Begeisterung, Schwung, Kontrolle, Fairness, Spaß, Zielstrebigkeit, Empathie und dutzende weitere gemeint. Für welche Werte stehst du? Wenn du dir ihnen bewusst bist, kannst du Schnittmengen mit deinen Verhandlungspartnern bilden, und das wird sich in aller Regel positiv auf die Ergebnisse auswirken. Außerdem bist du dann weniger angreifbar, denn wer seine Werte kennt, läuft nicht Gefahr, über sie zu verhandeln. Beispielsweise wird es für einen ehrlichen Menschen nicht in Frage kommen, einen betrügerischen Deal auszuhandeln. Demnach können Werte sowohl zur Einigung beitragen wie auch Konfliktverursacher sein.

Die für mich wichtigsten Werte sind *Begeisterung, Zielstrebigkeit, Kontrolle, Ehrlichkeit* und *Fairness*. Picken wir den Wert Kontrolle heraus und schauen uns an, wie er mich beeinflusst.

Ich habe dir bereits von dem Übernahmeversuch des europäischen Unternehmens berichtet, das 51 % von StudyHelp kaufen wollte. Wir wären zwar Geschäftsführer geblieben, hätten mit der Mehrheit aber die Kontrolle der Firma abgegeben. Außerdem wären nach fünf Jahren auch die übrigen 49 % zum Kaufinteressenten gewandert. Das missfiel mir. Offensichtlich war dem Kaufinteressenten Kontrolle ebenso wichtig. Er wollte ab der Beurkundung sein Ding durchziehen und sich möglichst wenig reinreden lassen. Wir hatten demnach einen Konflikt auf der Werteebene.

Die Interessen verstehen

Interessen sind sozusagen die Bedingungen, die jeder Beteiligte stellt. Der eine will dies, der andere das. Irgendwie versucht man zusammenzukommen. Es gibt zwei auffällige Charaktere, wenn es um Interessenkonflikte geht. Solche, die auf Biegen und Brechen ihren Kopf durchsetzen wollen, also vehement ihre Interessen vertreten, ohne dabei die Interessen ihrer Gegenüber zu berücksichtigen. Und solche, die man als die »Samariter« bezeichnen könnte, weil sie ihren Verhandlungspartner großzügige Offerten unterbreiten, selbst wenn diese für sie selbst relativ unvorteilhaft erscheinen. Der Starke obsiegt dann meist über den Schwachen. Zwischen diesen beiden Extremfällen gibt es noch den Mittelweg: gleichzeitig die eigenen und die fremden Interessen zu berücksichtigen. Man sucht dann nach einem Win-Win-Ansatz.

Unser Kaufinteressent verhielt sich taktisch sehr interessant. Zunächst stellte er zügig eine Forderung in den Raum und ließ uns darauf reagieren. In der nächsten Runde drehte er diese Vorgehensweise aber um und ließ uns zuerst ein Angebot machen. Darauf reagierte er dann sehr schnell mit einem Gegenangebot. Es wirkte ein bisschen wie auf dem Basar, nur dass wir nicht um den Preis einer Jeans feilschten, sondern um Unternehmensanteile. Mit dieser Taktik wollte er zum einen herausfinden, wie viele Unternehmensanteile wir zu welchem Preis zu verkaufen bereit wären, zum anderen versuchte er uns zu verwirren. Zumindest fühlte es sich so an.

Irgendwann stellte sich ein auffallendes Interesse unseres potenziellen Käufers heraus: Die Bezahlung solle allein vom zukünftigen E-BIT abhängig gemacht werden. Wir sollten erst nach fünf Jahren bezahlt werden, nachdem sämtliche Prozente zum Käufer gewandert sind. Das war ein Problem für uns, da wir eine sofortige Zahlung in sechsstelliger Höhe »auf die Hand« erhalten wollten. Und obwohl sie von vornherein ausdrücklich betonten, das käme nicht in Frage, gingen sie auf die Forderung ein. In der nächsten Verhandlungsrunde war das »Handgeld« bereits berücksichtigt.

Mechanismen erkennen

Hier ist ein cleverer Mechanismus erkennbar. Verhandler eröffnen gern mit einer scheinbar unerschütterlichen Forderung, einer so genannten Position, von der sie zum späteren Zeitpunkt aber unter Umständen wieder abweichen. Sie bluffen erst mal. Das ist sehr gefährlich, denn wenn der Bluff des Verhandlungspartners aufgedeckt wird, verliert er dadurch möglicherweise sein Gesicht. Und das lässt eine Verhandlung schnell scheitern. Das wollten wir vermeiden, indem wir ihm das Gefühl gaben, er täte das Richtige. Wir argumentierten über den Wert Fairness. Eine zusätzliche, vom EBIT unabhängige Zahlung erscheine uns *fair,* weil wir die letzten Jahre sehr hart daran gearbeitet haben, dass die Firma *heute* so lukrativ dasteht. Das müsse auch *heute* entlohnt werden, nicht erst in der Zukunft.

Wie die Situation zeigt, ist fast alles Verhandlungssache. Junge Mitarbeiter bei uns fallen regelmäßig in eine Schockstarre, wenn unrealistische Forderungen im Raum stehen. Sie denken, dass es bei einer großen Diskrepanz keine Chance auf Einigung gibt. Doch das ist ein Irrtum, denn manchmal sind hohe Forderungen auch deshalb so hoch, weil die Gegenpartei sich möglichst viel Spielraum lassen möchte. Denk an das Management unserer Werbefigur, das plötzlich ein Honorar von 100.000 Euro forderte. Am Ende einigten wir uns auf nicht mal ein Sechstel dieses Betrages. Allerdings erhielt unsere Werbefigur zusätzlich eine Beteiligung an unserem Verlag, wodurch sie den Erfolg selbst beeinflussen konnte. Und genau dieses Vorgehen macht den Unterschied zum Feilschen aus: Beim Verhandeln kann die »Verhandlungsmasse« vergrößert werden. Es gibt plötzlich kreative Optionen. Feilschen ist hingegen sehr linear – hoch oder runter.

Nachverhandeln, wenn das Ergebnis nicht passt

Manchmal habe ich das Gefühl, dass sich Verhandlungspartner möglichst schnell einigen wollen, nur um der unangenehmen Situation zu entfliehen. Aber das ist ökonomischer Irrsinn. Ich habe mir angewöhnt, jeden Deal so lange zu verhandeln, bis meine Interessen befriedigt sind. Wenn ich bei 20 Deals die Konditionen um jeweils nur einen Prozentpunkt besser verhandele, summiert sich das aufs Jahr ordentlich. Das darf natürlich nicht willkürlich gefordert werden, sondern erfordert eine gute Begründung. In einer fairen Verhandlung kann man sich aber auf vielen Ebenen einigen. Für die besseren Konditionen sind wir zum Beispiel bereit, eine längere Vertragsdauer einzugehen, was vielen Anbietern einen Rabatt wert erst.

Fassen wir das Wesentliche über das Verhandeln zusammen:

- Wir sollten unsere Werte kennen, denn sie leiten unsere Entscheidungen.
- Interessen resultieren oft aus Werten. Um Deals langfristig auszulegen, sollten die Interessen beider Parteien berücksichtigt werden.
- Hohe willkürliche Forderungen sind oft Positionen. Aber davon sollten wir uns nicht einschüchtern lassen, da sie meist verhandelbar sind.
- Kreative Optionen in Erwägung ziehen:
  o Was kann ich bieten, das mich nicht viel kostet, für den anderen aber viel wert ist?
  o Wie können wir aus der »Linie« ausbrechen und stattdessen die Verhandlungsmasse vergrößern, sodass am Ende alle Beteiligen zufrieden sind?
- Einfache W-Fragen helfen uns dabei, die Werte und Interessen des Verhandlungspartners zu verstehen:
  o Wieso fordern Sie das?
  o Warum ist Ihnen das wichtig?
  o Wie könnten wir zu einer Einigung gelangen?
  o Wer trifft die endgültige Entscheidung auf Ihrer Seite?

- o Wer wirkt im Hintergrund an der Verhandlung mit?
- Überlege, was die beste und was die schlechteste Alternative zur aktuellen Verhandlung ist:
  - o Was passiert mir schlimmstenfalls, wenn ich mich nicht mit der anderen Partei einige?
  - o Was passiert mir bestenfalls, wenn ich mich nicht mit der anderen Partei einige?

Zurück auf den Basar: Meinst du, du hättest die Jeans für die ursprünglich gewünschten 10 Euro bekommen können? Vielleicht, indem du ihm eine clevere Idee zur Sortimentserweiterung geliefert hättest. Vielleicht hätte er auch deine »echte« Ray-Ban in Zahlung genommen, die du kurz zuvor auf demselben Basar erworben hattest. Oder du hättest gleich drei Jeans gekauft, was ihm möglicherweise einen Mengenrabatt wert gewesen wäre. Die Frage ist doch: Was sind die Interessen des guten Mannes? Insofern du darauf eingehst, erklärt er sich auch eher zu einem Preisnachlass bereit. Und falls das alles nichts bringt, war es zumindest den Versuch wert.

Checkliste: Verhandlung

1.9   Mutige Moves und die Komfortzone

Was war die letzte anstrengende, unangenehme oder peinliche Sache, die du freiwillig gemacht hast? Vielleicht hast du spontan eine fremde Person angesprochen. Oder die Chance genutzt, einen Vortrag vor einem großen Publikum zu halten. Dir eventuell den Traum vom eigenen Unternehmen verwirklicht. Oder eine anspruchsvolle Bergbesteigung einem entspannten Strandtag vorgezogen. Bei solchen oder ähnlichen Abenteuern befandest du dich wahrscheinlich außerhalb deiner *Komfortzone*.

Die wenigsten würden behaupten, nicht zumindest eine positive Sache aus *unkomfortablen* Erlebnissen mitgenommen zu haben. Im Gegenteil, meist führt der aufgebrachte Mut zu einem regelrechten Gefühlsrausch, wenn das Ziel erreicht oder die Hürde überwunden wurde. Doch wenn das rückblickend so wertvoll war, warum verlassen wir diese für fehlenden Antrieb berüchtigte Zone so ungern? Psychologen meinen, drei Gründe dafür herausgefunden zu haben:

- Versagensangst
- Fehlende Motivation, sich anzustrengen
- Angst vor der Zurückweisung

Diese Gründe sprechen für sich. Die Komfortzone schützt zwar vor diesen Risiken, lähmt aber gleichzeitig, wodurch Chancen nicht wahrgenommen werden. Im schützenden Kokon der Komfortzone werden Risiken stets höher gewichtet als Chancen.[11] Hierzu fällt mir eine passende Geschichte ein.

Kurz nach unserer Firmengründung, als wir einen niedlichen Umsatz von 20.000 Euro vorweisen konnten, entschied ich mich in Eigenregie, dem damaligen Geschäftsführer der »Schülerhilfe« eine E-Mail zu schicken. Das Unternehmen ist im deutschen Bildungsmarkt eine bekannte Größe. Ich wollte den Geschäftsführer unbedingt kennenlernen, woraufhin ich ihm zunächst eine 08/15-Nachricht sendete. Sinngemäß stand darin, dass wir neu auf dem Markt seien, unsere Kontakte ausbauen wollten, eine Kooperation interessant sein könne, bla, bla, bla. Nichts, was einen Geschäftsführer hätte die Augenbrauen hochziehen lassen. Ich wollte eben höflich sein und hielt mich an die üblichen Gepflogenheiten. Wie zu erwarten war, wurde meine E-Mail ignoriert. Nach kurzer Entrüstung darüber leitete ich Phase zwei ein. Ich formulierte eine weitere Mail, die dieses Mal, sagen wir, *etwas* zuversichtlicher verfasst war:

»Sehr geehrter Herr X, wir sind die Zukunft in der Bildungsbranche und bieten die innovativste Lösung, die in Kürze alle bestehenden Wettbewerber in den Schatten stellen wird. Gern gewähren wir der *Schülerhilfe* einen exklusiven Einblick und lassen sie frühzeitig an unserem Geschäftsmodell partizipieren.«

So etwa in der Art. Der Nachricht fügte ich hinzu, dass ich aktuell vielbeschäftigt sei, mir aber gern drei Slots in meinem eng getakteten Terminkalender freihielte. Das war die Art von Mail, nach deren Absenden man sich denkt: »Fuck, kann ich das noch rückgängig machen? Diese verfluchte Lichtwellenleitertechnik mit ihrer rasanten Übertragungsgeschwindigkeit!«

Zwar nicht in Lichtgeschwindigkeit, aber dennoch unerwartet zügig, antwortete mir am nächsten Tag die Assistentin des Geschäftsführers, dass die Schülerhilfe eine »derart ungewöhnliche Nachricht« noch nie bekommen hätte, und sie bestätigte mir einen meiner genannten Termine. Freudig setzte ich meine beiden Mitgründer Max und Carlo darüber in Kenntnis: »Jungs, wir haben einen Termin beim Geschäftsführer der Schülerhilfe. Bäm!« Zunächst verfielen sie in Jubelstimmung und feierten mich dafür, dass ich das geschafft hatte. Natürlich wollten sie auch wissen, weshalb er uns so unerwartet Audienz gewähre. Die Wahrheit löste bei ihnen einen kurzen Schockzustand aus, der unmittelbar danach in Fremdscham überging. Die Jubelstimmung war verflogen. Sie betonten, dass sie keinesfalls mitkommen würden, da wir überhaupt nichts darzubieten hätten, was diesem gewagten Move eine angemessene Schlagkraft verleihen würde. Schließlich wäre ein Grundschüler auch nicht zu Mike Tyson in den Ring gestiegen.

Nachdem die Jungs mir ihre Absage erteilt hatten, zweifelte ich selbst daran, ob der Besuch so clever wäre. Nach vielen Überlegungen und Zweifeln sagte ich mir aber: »Was habe ich denn zu verlieren? Selbst wenn er mich auslachen sollte und ich nach fünf Minuten wieder gehen müsste, könnte ich später trotzdem erzählen, dass ich den Geschäftsführer der Schülerhilfe kennengelernt hätte.« Ich hatte absolut nichts zu befürchten, außer abgewiesen zu werden.

Nach einer aufwühlenden Nacht entschloss ich mich morgens dazu, ohne Vorbereitung nach Gelsenkirchen zu fahren. Vorher schrieb ich noch schnell den Jungs. Und weil sie merkten, wie ernst mir die Sache und wie einmalig diese Chance für unser junges Startup war, wollten sie dann doch noch mitkommen. Die Nummer war so spontan, dass ich Carlo aus dem Fitnessstudio abholen musste, und Max sich während der Fahrt Frühstücksbrote schmierte. Ach ja: Außerdem bereiteten wir im Auto eine kleine Präsentation über ein Online-Geschäftsmodell vor, das wir der Schülerhilfe partnerschaftlich anbieten wollten. Die Zeit reichte gerade noch, wir kamen pünktlich und einigermaßen vorbereitet an.

Dieselbe Assistentin, die mir die Mail geschickt hatte, nahm uns übrigens in Empfang. Während sie uns zum Meeting-Raum geleitete, wies sie uns noch mal auf die wirklich »ungewöhnliche Mail« hin. Unsere Anspannung wuchs dadurch maximal.

Und wie es dann oft so ist, war das Treffen viel entspannter als erwartet. Der Geschäftsführer begrüßte uns freundlich und betonte, dass er mutige Aktionen mag. Er sei ganz gespannt, was wir ihm nun präsentieren würden, denn die Mail hätte ihn neugierig gemacht. Nachdem Carlo und Max noch ein letztes Mal tadelnd in meine Richtung blickten, stellten wir ihm unser neues digitales Konzept für Crashkurse vor. Wider Erwarten fand er diese Geschäftsidee aber überhaupt nicht prickelnd, stattdessen lobte er unser weniger modernes Offline-Kursgeschäft. Er möge unseren pragmatischen Ansatz und könne sich in diesem Bereich eine Zusammenarbeit vorstellen.

Das war verwirrend. Wir hatten die Situation völlig falsch eingeschätzt. Daraufhin fachsimpelten wir intensiv, bis er uns nach einer Stunde mit der Aufgabe entließ, ein konkretes Geschäftsmodell zur Skalierung der Offline-Kurse auszuarbeiten. In den darauffolgenden Wochen waren wir noch mehrmals dort. Wir lernten viel über das Bildungsgeschäft und bekamen das Angebot, die *StudyHelp GmbH* zu gründen, Geschäftsführer zu werden und ein attraktives Jahresgehalt zu bekommen. Das Investment in diese neu gegründete GmbH sollte über mehrere Jahre 7-stellig sein. Der absolute Wahnsinn! Zur Erinnerung: Wir waren eine kleine GbR, die ganz am Anfang stand. Das war nicht nur eine riesige Chance, sondern vor allem eine große Wertschätzung für unsere Leistung und unsere Idee. Und dennoch lehnten wir das Angebot aus vier Gründen ab:

1) Der Skalierungsplan entsprach nicht unserer Vision. Der Geschäftsführer der Schülerhilfe hatte – sehr zu unserem Erstaunen – seinen Fokus auf Universitäten. Wir wollten uns aber lieber auf Abiturienten konzentrieren.

2) Wir wollten uns nicht für einen Strategen verbiegen. Das kommt dir mittlerweile bekannt vor, oder?

3) Wir wollten die Mehrheit der neuen Firma nicht abgeben. Das wäre aber der Deal gewesen.

4) Der Bauch äußerte Bedenken und machte von seinem Veto Gebrauch.

Dennoch trug die Schülerhilfe mit ihrem Angebot dazu bei, dass wir noch mehr Gas gaben und an uns glaubten.[*] Wir stellten unsere Weichen ganz klar in Richtung Kursgeschäft, das wir entgegen der Ratschläge vieler in 200 Standorte skalierten.

Mutige Moves lassen dich wachsen und helfen dir dabei, deine Ängste loszuwerden. Wenn du aus deiner Komfortzone ausbrechen möchtest, überleg dir Folgendes: Wen findest du mutig? Was genau macht den Mut dieser Person aus? Ist das wirklich so mutig oder halb so wild? Das Spannende ist: Was der eine als angenehm empfindet,

---

[*] Danke noch mal an die Schülerhilfe! Man sieht sich immer zweimal im Leben (siehe Abschnitt 1.6).

ist für den anderen ein Albtraum. Daher haben wir dir ein paar Möglichkeiten zusammengestellt, die dich zum Ausbruch aus der Komfortzone inspirieren sollen. Ach ja: Haftung für etwaige Konsequenzen ausgeschlossen!

- Eine Stunde früher aufstehen als gewohnt
- Eine spontane Rede vor deinen Freunden halten
- Blut spenden
- Eine Woche vegan leben
- Einen gemeinnützigen Verein gründen
- Ans sportliche Limit gehen
- Einen Vortrag vor einem unbekannten Publikum halten
- In einem Meeting urplötzlich die Gesprächsführung übernehmen
- Einen Berg besteigen
- Im Meer tauchen
- Mit einem Klapprad vor einem Fünf-Sterne-Hotel vorfahren und dem *Wagenmeister* 50 Euro Trinkgeld in die Hand drücken: »Bitte vorsichtig, ja? Ist frisch gewachst.«
- Den Job kündigen
- Eine kritische Rezension verfassen
- Ein Buch veröffentlichen
- Ein Unternehmen gründen
- Eine gesungene Sprachnachricht in eine »Gruppe« hochladen
- Die Bestellung im Restaurant mit russischem Akzent aufgeben
- Die nervigste Person anrufen, die dir einfällt, und ihr 30 Minuten lang zuhören
- Eine fette Gehaltserhöhung fordern

- Eine fremde Person ansprechen
- Nüchtern so »tanzen«, als wärst du stockbesoffen
- Kontakt zu einem Prominenten aufnehmen
- Sich die Haare färben oder eine Glatze schneiden lassen
- Einen völlig anderen Kleidungsstil ausprobieren

Wege aus der Komfortzone

1.10 Der Einfluss sogenannter Profis

Zu wem gehst du, wenn du unter Zahnschmerzen leidest? Wen rufst du als erstes bei einem Wasserrohrbruch an? Und an wen wendest du dich, wenn dein Auto geklaut wurde? Wenn eines dieser wirklich unangenehmen Ereignisse eintritt, begeben wir uns instinktiv in professionelle Hände. Zumindest habe ich noch niemanden kennengelernt, der bei sich selbst eine Wurzelbehandlung durchgeführt hat. Und auch niemanden, der in Selbstjustiz Einbrecher gejagt hat, weil seine Karre abhandengekommen ist. Womit auch?

Nun drei weitere Fragen. Mal sehen, ob die Antworten immer noch so eindeutig sind: Wen bittest du um seine Einschätzung, ob du ein Mehrfamilienhaus kaufen solltest? Von wem holst du dir Ratschläge über Marketing? Und wem fühlst du auf den Zahn, ob sich eine Unternehmensgründung lohnt? Auch wenn die Antworten hier ebenso eindeutig ausfallen sollten, so gibt es dennoch eine Menge Leute, die uns mit großem Elan zu diesen Fachthemen »gut gemeinte« Ratschläge aufs Auge drücken.

Eines ist sicher: Wenn ich damals auf die Ratschläge der Angestellten gehört hätte, wäre ich heute kein Unternehmer. Da fielen schwarzgefärbte Sätze wie: »Such dir einen vernünftigen Job«, »denk an die Sicherheit«, »Unternehmer begeben sich in finanzielle Gefahr« und »sie arbeiten selbst *und* ständig«. Natürlich würden Unternehmer diese Bedenken teilweise bestätigen: »Die ersten Jahre sind hart«, »du arbeitest mehr als die Angestellten« und »deine Sorgen sind größer«. Aber sie würden das Bild auch entscheidend ergänzen: »Du genießt mehr Freiheit«, »du hast die Chance auf finanziellen Wohlstand«, »du hast deinen Erfolg in der eigenen Hand« und »du wirst fürs Dranbleiben belohnt«.

Das Thema Immobilien ist ebenso kontrovers. Frag mal den klassischen Eigenheimbesitzer, der sein Haus als »Rente« sieht, ob jemand, der selbst zur Miete wohnt, gleichzeitig Immobilien zur Vermietung kaufen sollte. Vermutlich würde er dir raten, zunächst ein Eigenheim zu erwerben, damit du mietfrei wohnen kannst. Aber wirst du damit Wohlstand aufbauen? Also ich kenne niemanden, der mit dem Kauf *eines* Eigenheims reich geworden ist. Du vielleicht?

Eines meiner großen Ziele ist die finanzielle Freiheit. Ja, dieses Ziel wird heute ziemlich gehypt. Es ist eben sehr reizvoll, sich um Geld keine Gedanken machen zu müssen. Das werden die wenigsten abstreiten. Ein teures, individuelles Eigenheim erscheint mir unpassend, um dieses Ziel zu erreichen. Stattdessen wohne ich lieber einigermaßen günstig zur Miete, arbeite an meiner Firma und baue mir parallel mit Aktien und Wohnimmobilien ein Vermögen auf. Das ist eben mein gewählter Weg, auf dem ich ungebetene Ratschläge so nützlich wie Steinschläge finde. Hast du auch das Gefühl, dass die Leute oft blind beraten – ohne den gewählten Weg des Empfängers zu kennen und ohne zu wissen, ob derjenige überhaupt einen Rat sucht? Das kann allerdings manchmal auch amüsant sein, wie die folgende Geschichte zeigt:

Ein Kumpel erzählte mir mal, dass der Wagen seiner Freundin früh morgens nicht mehr ansprang. Also versuchte er mit seinem Fahrzeug jenes seiner Freundin zu »überbrücken«, weil die Batterie anscheinend leer war und folglich nicht genügend Strom für die Zündung aufbringen konnte. Und plötzlich stand eine selbsternannte Expertin aus der Nachbarschaft neben ihm, die einen extrem praktischen

Ratschlag parat hatte: »Beim Überbrücken müssen beide Fahrzeuge laufen!« Neugierig antwortete er: »Aber wenn beide Fahrzeuge laufen würden, wozu sollte ich dann noch überbrücken?« Worauf sie sehr überzeugt, aber eher weniger überzeugend entgegnete: »Das ist so! Können Sie mir ruhig glauben. Hat mein Mann neulich auch so gemacht.« Aha, interessant. Keine Ahnung, was oder wen ihr Mann da überbrückt hatte, aber es war ungefähr so sinnvoll wie der Versuch, sein Handy mit zwei Ladekabeln zu laden. Die Lichtmaschine lädt die Batterie doch, sobald die Karre läuft. Wo ist also der Witz? Na ja, wenn's ihm Spaß macht.

Bei uns in der Firma ist Marketing das große Thema, bei dem alle mitreden wollen. Verständlich, denn jeder hat einen Bezug zur Werbung:

- »Lass uns mal einen TV-Spot machen!«
- »Komm, wir hängen Plakate auf!«
- »Wir sollten unbedingt Flyer verteilen!«.

Klar, das alles könnten wir machen. Sobald wir uns darüber im Klaren sind, ob damit unsere Zielgruppe angesprochen wird. Können wir einen positiven Effekt erwarten oder verbrennen wir mit der vermeintlich aussichtsreichen Werbemaßnahme nur Geld? Um den Marketingerfolg abschätzen zu können, müssen wir die Mechanismen dahinter verstehen. Nur dann können wir auch vernünftige Ratschläge erteilen. Einfach nur Konsument von Werbung zu sein macht mich noch lange nicht zum Experten. Da könnte ich ja genauso gut behaupten, ich wäre ein versierter Zahnarzt, nur weil ihn regelmäßig aufsuche.

Aus all diesen Geschichten habe ich eine wichtige Lektion gelernt: Lass dich nur von Profis beraten! Frag Menschen, die auf dem jeweiligen Fachgebiet das erreicht haben, was du erreichen willst. Und falls du dich selbst mal dabei erwischst, ungebetene Ratschläge zu erteilen, denk an Folgendes: »Wenn man schon nicht die Fresse halten kann: Einfach mal Ahnung haben!«

1.11   Wer blendet da so?

Wir schreiben den 18. Juni 2020. Die Temperatur in Aschheim bei München soll an diesem Donnerstag einen Maximalwert von 22°C erreichen. Deutlich erhitzter dürften bereits in den frühen Morgenstunden die Gemüter bei einem bekannten Dax-Konzern und seiner Wirtschaftsprüfungsgesellschaft Ernst & Young sein, die, obwohl sie seit mittlerweile zehn Jahren die Bilanzzahlen ihres Klienten bestätigt, an diesem leicht regnerischen Tag zum ersten Mal ihren Stempel verweigert. Sie warnt außerdem davor, dieses fehlende Testat für den Jahresabschluss 2019 könne eine Aufkündigung von Bankkrediten in Höhe von rund zwei Milliarden Euro zur Folge haben. Vier Tage später, am 22. Juni 2020, teilt der Konzern seinen Anlegern und der Öffentlichkeit mit, dass Guthaben auf Treuhandkonten in Höhe von 1,9 Milliarden Euro »mit überwiegender Wahrscheinlichkeit nicht existieren«. Die Folge ist ein Kursabsturz enormen Ausmaßes, die Aktie rutscht um mehr als 60 % in den Keller. Die Rede ist von der Wirecard AG, der vermutlich größten Blenderin des Jahres 2020.[12]

Viele Anleger verloren an diesem Tag das Vertrauen in die Aktiengesellschaft und sicher auch eine Menge Geld. Wer sich mit der Geschichte des Unternehmens im Detail befasst hat, der weiß, dass es schon Jahre zuvor im Verdacht irreführender Bilanzierung stand. Von einem substanziellen Anleger wie Warren Buffet wäre Wirecard somit allein deswegen nicht als sicherer *Blue Chip* bezeichnet worden, doch das sah eine Vielzahl von Aktionären ganz anders. Sie waren vom Geschäftsmodell überzeugt, wurden von hohen Margen gelockt und erkannten die künstliche Aufblähung der Bilanz nicht. Dadurch verhalfen sie der Firma im Jahr 2018 sogar zum Aufstieg in den DAX. Schade nur, dass sie in Wahrheit alle geblendet wurden!

Warum erzähle ich dir diese Story? Sie verdeutlicht auf wunderbare Weise die Anfälligkeit von uns Menschen gegenüber Blendern. Unternehmer sind hierbei eine besonders gefährdete Spezies, denn sie müssen sich und ihre Mitarbeiter permanent vor blendenden Strahlen schützen, die von selbstbewussten Konkurrenten, abschlusswütigen Verkäufern und vermeintlichen Experten ausgehen. Es empfiehlt sich daher das Tragen einer CE-geprüften Sonnenbrille, um ernsten Schäden vorzubeugen.

Es ist völlig normal, dass wir uns von unseren Mitmenschen beeinflussen lassen. Wir glauben an das Gute und geben ihnen einen Vertrauensvorschuss, was in den meisten Fällen auch nicht weiter schlimm ist. Wenn uns ein Freund erzählt, angeblich ein Jahresgehalt von 80.000 Euro zu verdienen, stellt das keine Bedrohung für uns dar. Es wird erst zur Bedrohung, wenn wir unser Gehalt ins Verhältnis dazu setzen und feststellen, dass wir für die gleiche Tätigkeit lediglich 50.000 Euro erhalten. Denn diese »Tatsache« nagt dann an unserem Selbstwert. Die Realität sieht aber oft anders aus. So ist mir ein Fall aus meinem Umfeld bekannt, bei dem mit einem solch attraktiven Gehalt geprahlt wurde. Die Person verschwieg jedoch, dass sie nur mit diversen Boni und Zusatzleistungen auf die charmanten 80.000 Euro hätte kommen können, die äußerst schwierig zu erreichen waren – zumal der zukünftige Arbeitgeber gerade dabei war, das Bonusprogramm für seine Arbeitnehmer deutlich zu verschlechtern. In Wahrheit betrug das Gehalt somit lediglich 50.000, wodurch die geprahlten 80.000 unvermittelt zum wahren Betrug wurden.

Da solche Vorkommnisse in einer Leistungsgesellschaft zum einen psychologisch nachvollziehbar und zum anderen keine Einzelfälle sind, habe ich mir folgendes Mantra angeeignet: »Die Mehrheit rundet auf!« Ob bei Angaben über Gehälter, das Durchhaltevermögen im Schlafzimmer, die Trinkfestigkeit oder die Anzahl von Kundenakquisitionen. Menschen runden gern auf, um vor ihren Artgenossen besser dazustehen. Aus diesem Grund ziehe ich abhängig vom Rednertyp zwischen 20 und 50 % von dem ab, was behauptet wird. Das klingt vielleicht etwas pessimistisch, hat mich aber deutlich resistenter gegen Blender gemacht. Und das Bedenklichste ist: Damit liege ich zu 99 % richtig.

Erst vor kurzem sprach mich mein Team auf die vermeintliche Stärke eines unserer Konkurrenten an, der kürzlich einen Kooperationsdeal mit einer bekannten Zeitung ergatterte. Mein Team fühlte sich dadurch in seiner Ehre gekränkt und bemängelte, wir würden der Marktentwicklung hinterherhinken und wären nicht im Stande, derartige Deals einzutüten. Doch nichts sei wie es scheint, erwiderte ich. Erstens wusste ich, dass sich die Werbekosten hierfür auf bemerkenswerte 50.000 Euro beliefen, denn der Konkurrent hatte offenbar kurz zuvor eingesackte liquide Mittel unter die Leute bringen müssen, um den Investoren euphorischen Aktionismus zu zeigen. Und zweitens rechnete ich aus, was eine Werbemaßnahme dieser Größenordnung StudyHelp einbringen würde. Die von mir prognostizierte Umsatzsteigerung lag bei Weitem unterhalb der 50.000. Die Aktion erhielt von mir die Bezeichnung Anna Kurnikowa, die zugegebenermaßen eine sehr attraktive Frau ist, jedoch während ihrer aktiven Profikarriere mit dieser Schönheit von ihrer doch eher spärlichen Erfolgsbilanz ablenkte.

Jede Blender-Aktion in unserer Firma trägt nun ihren Namen. Ich hoffe, dass die liebe Frau Kurnikowa mir das in ein paar Jahren nicht übelnehmen wird, nachdem dieses Buch ein in dreißig Sprachen übersetzter Bestseller geworden ist. Immerhin wurde es allein in Deutschland bisher 100.000-mal verkauft (eventuell habe ich hier aus didaktischen Gründen etwas aufgerundet). Vielleicht nimmt die liebe A.K. aber auch vorher schon höchstpersönlich oder gemeinsam mit ihren Anwälten Kontakt mit uns auf, weil sie an einer »Zusammenarbeit« interessiert ist. Auch das würde uns freuen, denn wir lernen gern spannende Menschen kennen. Also Anna, wir freuen uns auf dich! Dein Influencer-Vertrag liegt quasi schon zur Unterschrift bereit.

Doch es wird noch weit mehr geblendet da draußen. Ein anderer Mitbewerber von uns ging einen *Barter-Deal* mit einem namhaften deutschen Fußballverein ein. Das bezeichnet ein Tauschgeschäft zwischen Partnern, bei dem kein Geld fließt, sondern lediglich Waren oder Dienstleistungen ausgetauscht werden. Wie viele Begriffe aus der Startup-Szene kommt »barter« aus dem Englischen und beschreibt ganz einfach »Tausch«.[13] Jedenfalls prahlte der Mitbewerber lautstark mit diesem sensationellen Deal, der ihm jedoch im rechten Licht betrachtet nicht viel gebracht haben konnte. Startups brüsten sich gern damit, große Werbeträger, Partner oder Investoren an Land gezogen zu haben. Ein kritischer Blick auf den Effekt lohnt sich dabei immer, bevor man sich in seiner Ehre gekränkt fühlt. Vor allem, weil es gang und gäbe ist, dass junge Firmen gewaltige Luftsprünge in der Öffentlichkeit absolvieren, kurz nachdem sie einen Investor gewonnen haben. Dabei wird oft die Tatsache ignoriert, dass sie ohne die Investorenhilfe meist pleite gewesen wären. Das weiß ich aus eigener Erfahrung. Versteh mich bitte nicht falsch, ich gönne den Firmen ihre

Deals und ihre neue Chance, ein erfolgreiches Business aufzubauen. Womit ich allerdings ein Problem habe, ist diese übertriebene Prahlerei.

Falls dich das immer noch nicht von der Dichte der Blender da draußen überzeugt haben sollte, erhältst du noch ein abschließendes Beispiel aus einem sehr bekannten Markt. Jeder weiß, dass durch die Coronakrise die Reisebranche auf eine harte Probe gestellt wurde. Man könnte auch sagen, sie musste sich nach der Seife bücken. Dennoch hatte in dieser eher ungünstigen Position das bekannte deutsche Reiseunternehmen TUI AG den Mumm, einen »weitgehend normalen Sommer« für die Reisebranche vorherzusagen. Es ging sogar noch einen Schritt weiter und hielt es für durchaus wahrscheinlich, dass »die Jets auf manchen Strecken im Mittelmeerraum schnell ausgebucht sind«.[14] Zwar eine schöne Vorstellung, für mich im Januar 2021 jedoch kaum vorstellbar.

Infolgedessen versuchte ich mich in die Lage des TUI-Vorstands hineinzudenken, was ihn zu solchen gewagten Aussagen hätte verleiten lassen können, und die Lösung war so naheliegend wie logisch: In seiner Situation würde ich ähnliche Behauptungen aufstellen. Wer würde schon eine Reise bei einem Unternehmen buchen, das melancholisch um Almosen bettelt und von katastrophalen Zuständen berichtet? Erfolg versprechender scheint es, eine bevorstehende Verknappung zu verkünden, die bei meiner Verlobten folgenden Handlungsdrang auslöste: »Schatz, wir müssen ganz schnell eine Reise buchen, bevor die Preise steigen.« Worauf ich antwortete: »Christina …« Und bevor ich es weiter ausführen konnte, korrigierte sie schon ihre Aussage: »Stimmt, was soll er auch anderes sagen? Die Wahrheit kommt nicht so geil, er will schließlich Reisen verkaufen.« Absolut!

Das Vorgehen ist verständlich, die Behauptung trotzdem unrealistisch. Gerade CEOs neigen zu Übertreibungen, und man kann es ihnen nicht einmal verübeln. Es gehört schließlich zu ihrem Job, die Firma gut zu verkaufen.

Ein geblendeter Unternehmer lässt sich vielleicht zu unüberlegten Handlungen hinreißen, die unnötig Geld kosten. Und das muss ja nicht sein, oder? Deshalb Sonnenbrille aufsetzen und kritisch bleiben. Das wirkt nicht nur selbstbewusst und cool, sondern macht sich am Ende auch noch bezahlt.

Kapitel 2: Wir zielen aufs Geld ab

»Der Langsamste, der sein Ziel nicht aus den Augen verliert, geht noch immer geschwinder als jener, der ohne Ziel umherirrt.«[15]
Gotthold Ephraim Lessing (1729-1781)

»Die Schwierigkeiten wachsen, je näher man dem Ziele kommt.«[16]
Johann Wolfang von Goethe (1749-1832)

Nachdem du deine Persönlichkeit kennen- und lieben gelernt hast, stellst du dir zu Recht die Frage, wie sich damit Geld verdienen lässt. Dieses Kapitel ist den Finanzen, den Zahlen und den Fakten gewidmet. Das braucht dich nicht zu beunruhigen, denn, obwohl wir den Herren Lessing und Goethe zwei ihrer Sinnsprüche stibitzt haben, wird dieses Kapitel leichtere Kost als »Nathan der Weise« oder »Iphigenie auf Tauris«.

Wir werden uns mit folgenden Fragen beschäftigen: Wozu brauche ich Ziele und KPIs? Welche Kennzahlen sind für die Bewertung einer Firma wichtig? Wie berechne ich meine finanzielle Reichweite? Welche Konsequenzen kann eine zu starke Produktverliebtheit haben? Wie sollten Meetings sinnvoll strukturiert werden? Welche Wichtigkeit hat das Thema Automatisierung? Warum ist Erfolg gar nicht so sexy, wie alle denken? Und wie lässt sich Geld mit Abo-Modellen und Gewinnspielen verdienen?

2.1 Bilder im Kopf

Ein Künstler, der ein impressionistisches Meisterwerk malen möchte, überlegt sich bestimmt vorher, wohin die Pinselstriche gehören. Eine Modedesignerin, die ein spektakuläres Haute-Couture-Kleid entwerfen will, hat zuvor wahrscheinlich einen Entwurf angefertigt und wird nicht wild drauf los schneidern. Und Unternehmer, die ihren Kunden Mehrwert bieten und langfristigen Erfolg erzielen möchten, werden ebenfalls nicht an einer Zieldefinition vorbeikommen.

Offensichtlich war das auch schon unseren Vorfahren klar, denn das Wort »Ziel« tauchte in Deutschland erstmals im 8. Jahrhundert auf und umschrieb »einen festgesetzten örtlichen oder zeitlichen Endpunkt« beziehungsweise einen »erstrebten Zustand«.[17] Und dieser angestrebte, hoffentlich auch erstrebenswerte Zustand prägt sich besonders gut mithilfe von Bildern ein. Daher lautet ein gängiger Rat, sich Ziele zu visualisieren – zum Beispiel auf einer »Traumwand«. Doch mit einer ausgeprägten Fantasie lassen sich solche Bilder auch direkt im Geist erzeugen.

Wenn ich im Auto unterwegs bin, höre ich zwar auch manchmal Podcasts, lausche der Musik und führe Telefonate. Aber meistens beschäftige ich mich einfach nur mit meinen Gedanken. Das kann ich locker zwei Stunden lang durchhalten, ohne dass mir langweilig wird. Diese Gedanken versuche ich auf ein bestimmtes Problem zu richten, auf einen Zustand der verbesserungswürdig ist.

Im Jahr 2019 lief es bei StudyHelp noch nicht nach unseren Vorstellungen. Reichweite und Umsatz waren nicht auf dem gewünschten Niveau, und wir brauchten unbedingt einen neuen Plan, um das zu ändern. Anstatt unsere Ziele aufzuschreiben, so wie bisher, wählte ich dieses Mal einen unkonventionelleren Weg. Ich konstruierte mir einen *Wunschtraum* und stellte mir präzise vor, wie unsere Firma zum Zeitpunkt der Gesellschafterversammlung 2020 beschaffen sein wird. Hochtrabend möge man dieses gedankliche Konstrukt als Vision bezeichnen, aber so würde ich es nicht nennen. Das wäre ja vermessen. Wir bleiben bei einem Wunschtraum.

Gedanke für Gedanke vertiefte ich mich in die Details und entwarf jeden Bereich der zukünftigen Firma, auf die wir würden hinarbeiten. Zunächst prägte ich mir die beiden wichtigsten Zahlen ein: Umsatz und Gewinn. Manche hätten sich diese Kennzahlen vielleicht als Bilder vorgestellt. Als tanzende Goldmünzen, in deren Schimmer die gewünschte Zahl schwebt. Aber so funktioniere ich nicht. In meinem Kopf prägen sich nur reale Bilder ein, die ich so ablaufen lasse, dass sie schließlich ein großes Wunschbild ergeben. So ähnlich wie ein Schachspieler, der einige Züge im Voraus plant und dabei auch die Gegenzüge seines Gegenübers einplant. Man muss mit mehreren Szenarien rechnen, die aber am Ende zu demselben Ergebnis führen sollten – dem Sieg. Oder in meinem Fall: zu einer erfolgreichen Firma.

Dabei musste ich auch an die vielen neuen Produkte und Partner denken, die wir bräuchten, um das rühmliche Ergebnis zu erreichen. Das alles wurde feinsäuberlich ins Bild integriert. Als fulminanten Abschluss stellte ich mir sogar schon die Rede vor, die ich auf der Versammlung halten würde – in sämtlichen Einzelheiten. Probeweise hielt ich sie auch schon während der Autofahrt. Da heute Freisprecheinrichtungen quasi zur Grundausstattung eines jeden Fahrzeugs gehören, hielten mich die anderen Fahrer auch für keinen komischen Vogel, der vor sich hin monologisiert.

Bevor *du* mich jetzt aber für einen Vogel hältst, lass mich dir die Macht hinter dieser Vorgehensweise verdeutlichen. Der Trick ist, an dieses fiktive Bild und die darin befindliche Geschichte zu glauben. Daran zu glauben, dass es existieren wird, komme was wolle. Und je stärker und häufiger du daran denkst, wie du all das erreichst, desto stärker prägt sich das Bild auch in deinen Gedanken ein, bis du schließlich so motiviert bist, dass du gar nicht anders kannst, als deinen Plan umzusetzen.

Verstärkt habe ich das Ganze noch mit einer Anapher, die in meinem Kopf in der Endlosschleife lief. *Wir werden* Umsatz X und Gewinn Y erzielen. *Wir werden* Partner A und Investor B an Bord holen. *Wir werden* sämtliche Hürden aus dem Weg räumen. *Wir werden* ein erfolgreiches Unternehmen sein. Und *wir werden* große Bekanntheit und Ansehen genießen. Das hört sich sehr grenzwissenschaftlich an, aber probiere es aus und urteile dann. Wenn ich heute in mein »6-Minuten-Tagebuch«* von damals schaue, lese ich unter dem Punkt »positive Selbstbekräftigung«: »StudyHelp zur Gewinnmaschine machen«, und zwar zu einem Zeitpunkt, als wir 300.000 Euro Verlust schrieben. Ohne mein Traumbild hätte ich garantiert kapituliert.

Natürlich blieb es nicht bei den gedanklichen Zielen. Nach der Autofahrt schrieb ich alles auf, um es angemessen mit meinem Team zu teilen. Andernfalls hätten sie mich wohl für geistesgestört gehalten: »Na klar, Daniel der alte Prophet hatte eine Vision. Als nächstes lässt er sich einen Vollbart stehen und fordert uns auf, ihm durch das geteilte Wasser im Lippesee (liegt bei Paderborn) zu folgen.« Alles

---

* Ein Werkzeug zur Entwicklung der eigenen Persönlichkeit.

aufzuschreiben ist der zweite Schritt, nachdem man sich detailliert Gedanken gemacht hat, wohin die Reise gehen soll.

Meine Ziele für 2020 kannst du übrigens dem folgenden Foto entnehmen. Spätestens jetzt verstehst du auch, warum ich mir das Ganze lieber vorstelle. Mein Schriftbild erweckt unbestreitbar den Eindruck, als wäre es von einem gelangweilten Fünftklässler im Geschichtsunterricht angefertigt worden, dessen Lehrer gerade ausführlich über den Hergang des Prager Fenstersturzes berichtete.

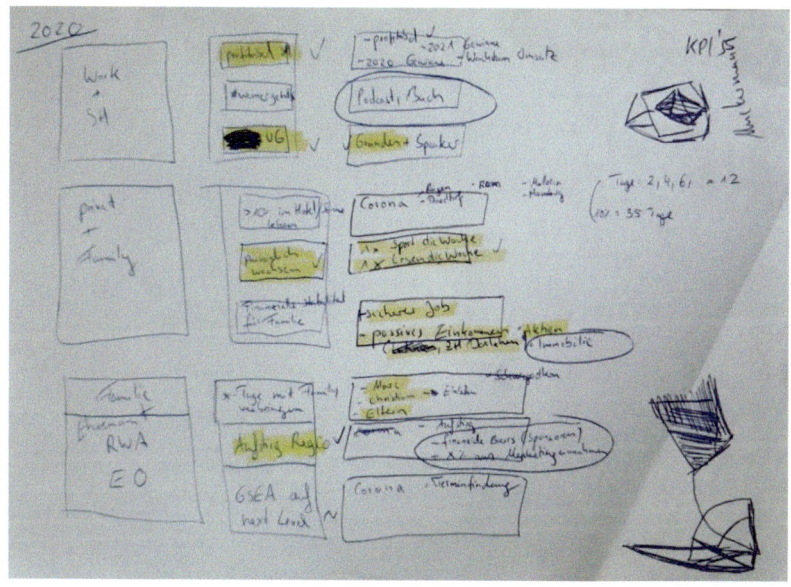

Meine Ziele für 2020: Bis auf das Buch habe ich alles erreicht!

Falls du das Schaubild doch dechiffrieren kannst, erkennst du, dass der Punkt »Buch« etwas verspätet kam. Das verdient deshalb eine Anmerkung, weil viele denken, das Zieldatum müsse unter allen Umständen eingehalten werden. Das sehe ich anders, denn viel wichtiger ist es, dem Ziel überhaupt näherzukommen. Leider verwerfen viele ihren Plan, nur weil sie das prognostizierte Datum versäumt haben.

Mit der folgenden Vorlage kannst du ebenfalls deine Jahresziele strukturieren. Dabei kommt es weniger auf deine Handschrift als mehr auf den Inhalt an, also lass dir nichts erzählen. Die Leute, die schön schreiben, haben doch einfach nur zu viel Zeit.

Vorlage: Das Ziele-Blatt

2.2   Die finanzielle Reichweite

Wie schnell kann ich mit meiner Firma meinen Lebensunterhalt bestreiten? Ist das überhaupt mein Anspruch oder soll das Ganze nebenberuflich laufen? Früher oder später wird sich jeder Unternehmer oder Selbstständige mit diesen Fragen konfrontiert sehen. Im Idealfall bringen Jungunternehmer genügend Eigenkapital mit, sodass sie damit a) ihr Business zum Laufen bringen und b) ihre Lebenshaltungskosten decken können – solange, bis die erwirtschafteten Erträge letztere Aufgabe übernehmen. Bitte klapp das Buch jetzt nicht aus Empörung zu, weil dieser Rat zwar der Wahrheit entspricht, aber in den seltensten Fällen umsetzbar ist.

Wie viel Geld »verbrenne« ich?

Hast du schon mal von der Cash-Burn-Rate (CBR) gehört? Mithilfe dieser Kennzahl kann privat wie auch in einer Firma gemessen werden, wie schnell liquide Mittel durch einen *negativen* Cashflow aufgezehrt werden. Das Ergebnis ist ein Zeitraum, der uns bleibt, bis wir insolvent sind. Unterstellt wird in dieser Betrachtung ein gleichbleibend negativer Cashflow. Demnach muss bei Veränderung des Cashflows auch die »Geldverbrennungsrate« – auf Deutsch klingt's schöner – neu berechnet werden. Diese Rate kann gerade junge Unternehmer ganz schön stressen.

Zum Zeitpunkt unserer Gründung war ich noch ein bescheidener Student, der lediglich 1.000 Euro monatlich verbrannte. Rückblickend hatte es einige Vorteile, als Student zu gründen. Denn wer einmal auf den süßen Geschmack eines regelmäßigen Einkommens gekommen ist, das für einen berufseinsteigenden Wirtschaftsingenieur bei etwa

2.500 Euro netto pro Monat liegt, der kann seine Ansprüche nur noch schwer nach unten anpassen. So wurde es mir zumindest von meinen Kommilitonen berichtet, ich selbst war nie in einem solchen Angestelltenverhältnis. Folglich war ich nicht an ein Auto, teure Kleidung, regelmäßige Restaurantbesuche, kostspielige Urlaube oder ähnlichen Luxus gewöhnt.

Leider ist gerade die private CBR nicht ganz einfach zu ermitteln, da wir zur Untertreibung neigen, wenn es um unsere Ausgaben geht. Bescheidenheit ist eben sexy. Die Frage sollte daher am besten folgendermaßen formuliert werden: *Wie viel Geld benötige ich monatlich definitiv zum Überleben?* Zum einen sind da Fixkosten wie Miete und Netflix, zum anderen die variablen Kosten wie spontane Pizzabestellungen oder Ausgaben für Kleidung, Bücher und so weiter. Präzise Ausgabenlisten können eine große Hilfe sein, um den Überblick zu behalten. Auf den resultierenden Wert könntest du dann 20 % für Unvorhersehbarkeiten aufschlagen, wenn du Realismus beweisen möchtest. Banker mögen solche Listen ganz besonders, weil du ihnen damit zeigst, dass du dir realistische Gedanken über deine Ausgaben machst – das könnte ein entscheidender Vorteil bei der Beantragung des nächsten Darlehens sein. Je größer der Kostenapparat, desto schwieriger wird es, in die schwarzen Zahlen zu kommen.

Gründung in Vollzeit oder nebenberuflich?

Nur dass wir uns richtig verstehen: Auch wenn Studenten in einer komfortablen Situation für eine Gründung sind, weil sie einerseits einen geringen Lebensstandard und gleichzeitig verhältnismäßig viel Freizeit haben, soll das keineswegs heißen, dass ein Schüler oder eine angestellte Mittvierzigerin nicht genauso gut gründen kann und sogar sollte. Aber jeder muss wissen, wie schnell ihm das Wasser im schlimmsten Fall bis zum Halse steht. Obwohl die CBR und das benötigte Startkapital stark vom Personentyp und dem Business abhängen, so gilt doch ein universeller Grundsatz: Je schneller Umsatz und Cashflow generiert werden, desto besser. Vor allem weil der psychische Druck proportional mit dem Wasserpegel steigt.

Dieser Druck kann durch eine nebenberufliche Gründung deutlich herabgesetzt werden, allerdings hat sie ihren Preis: Die für das Business verfügbare Zeit ist stark reduziert. Es gab Gründer in meinem Umfeld, die sich von ihrem Arbeitgeber haben kündigen lassen, um Arbeitslosengeld zu erhalten. Das hat ihnen wertvolle Zeit verschafft, weshalb es für sie eine charmante Lösung war. Für mich kam die Frage einer nebenberuflichen Gründung nie auf, weil ich zum Ende des Studiums meine Grundkosten durch StudyHelp decken konnte. Und bis das der Fall war, ging ich einer Tätigkeit auf 400 Euro-Basis nach.

Melke ich eine tote Kuh?

Damit der finanzielle Druck nicht unnötig groß wird, sollten Gründer möglichst schnell prüfen, ob sich mit ihrer Idee Geld verdienen lässt. Ist es wirklich eine *Geschäftsidee* oder nur eine Idee? Bei Gründern in meinem Umfeld habe ich beobachtet, dass diese Prüfung gern verschleppt wird. Diese Umsatzverschleppung resultiert oft aus einer zu starken Produktverliebtheit – dazu mehr im nächsten Abschnitt. Doch wissen nur zahlende Kunden, ob das Produkt »liebenswert« ist. Und falls die weder heute noch morgen existieren, »melkt man eine tote Kuh«. Dieser Gedankengang klingt so banal, trotzdem wird er gern ignoriert. Und je länger er ignoriert wird, desto größer wird der finanzielle Druck.

Eine Deadline setzen

Deswegen ist eine Deadline so immens wichtig. Bei uns war diese Deadline sechs Monate. Danach sollte die Firma zumindest unsere nötigsten Ausgaben decken, wie gesagt etwa 1.000 Euro monatlich. Als wir das erreicht hatten, fühlten wir, dass es sich lohnt weiterzumachen. Ich kann mich auch noch gut daran erinnern, als wir zum ersten Mal 1.300 Euro netto herausbekamen. Wahnsinn! Aus heutiger Sicht wirkt der Lohn wenig erstrebenswert – nicht zuletzt dank der Inflationsrate. Aber für uns waren das goldene Zeiten. Wir kamen uns wie Vollblutunternehmer vor, denn wir schafften es erstmals, mit der Firma mehr zu verdienen, als wir ausgaben. Als wir das stolz unseren Mitmenschen erzählten, war die Reaktion eher verhalten. Denn aus irgendeinem Grund existiert in den Köpfen vieler die Vorstellung, Gründer müssten schlagartig zu Millionären avancieren, ansonsten hätte sich die Gründung gegenüber einem sicheren Angestelltenjob schließlich nicht gelohnt. Mit diesem verbreiteten Irrglauben möchte ich an dieser Stelle aufräumen.

Organisch wachsen oder externe Geldquellen anzapfen?

Die finanzielle Reichweite wird auch maßgeblich von der gewünschten Skalierungsgeschwindigkeit beeinflusst. Wer schnell skalieren möchte, muss vermutlich eher auf externe Geldquellen zugreifen, also Investoren ins Boot holen oder Kredite bei Banken aufnehmen. Dabei stellt sich immer die Frage, ob man nicht lieber »organisch«, aber dafür langsamer wachsen sollte.

Wir haben acht Jahre nach unserer Gründung endlich die Freude am organischen Wachstum erkannt, weil es uns zu smarteren und kostengünstigeren Lösungen zwingt. Zum Beispiel haben wir den Warenkorb durch einfaches Cross- und Up-Selling erhöht. Das war super einfach zu programmieren und viel günstiger, als einen neuen Marketingmanager einzustellen. Es kursiert nämlich der Gedanke, dass mehr Personal automatisch zu mehr Umsatz führt. Warum das ein Trugschluss ist, dazu kommen wir noch. Je mehr Geldgeber, Mitarbeiter und Partner ins Boot geholt werden, desto mehr Druck kann auch resultieren und sich so das Business schnell zum Hamsterrad entwickeln. Aber wollte man nicht genau diesem mit dem eigenen Unternehmen entfliehen?

So berechnest du die CBR

2.3   Erst kommt der Umsatz, dann das Vergnügen

Laut einem Artikel des *Manager Magazins* platzt weltweit bei neun von zehn Startups in den ersten drei Jahren der Traum vom großen Erfolg.[18] Warum sie über die Wupper gehen, darüber ist man sich weitgehend einig: Die Kasse klingelt nicht ausreichend – das leuchtet ein. Doch obwohl es so logisch klingt, wird dieser Logik nicht immer gefolgt. Schauen wir uns das anhand von ein paar Beispielen aus der Praxis an.

Gefährliche Produktverliebtheit

Es soll Unternehmerinnen und Unternehmer geben, die sich stark auf ihre Produkte konzentrieren und in der Folge dem Vertrieb zu wenig Beachtung schenken. Das liegt wohl daran, dass ihnen die Kreation der Produkte viel leichter fällt und vor allem mehr Spaß bereitet als der Verkauf.

Ich denke da an einen Bekannten von mir, der mit seinem Unternehmen eine App entwickelte. Als klassischer Programmierer konzentrierte er sich sehr auf die Optimierung der Funktion, des Handlings, der Visualisierung und so weiter. Er aktualisierte Feature für Feature seiner App und baute perfekte Strukturen für ein Unternehmen auf, das locker hätte auf einen Jahresumsatz von 100 Millionen Euro skalieren können. Das Problem dabei war nur, dass der tatsächliche Umsatz bei null Euro lag. Irgendwann ging ihm das Geld aus, denn das Gründerstipendium* lief aus. Und Investoren fanden sich

---

* Danke nochmals an Christian Lindner für seine Unterstützung: Das Stipendium ist vielen Gründern eine große Hilfe!

leider auch nicht, da nur zahlende Kunden das nötige Vertrauen geschafft hätten.

Wie konnte das passieren? Das geht vielen intelligenten Menschen so. Sie investieren eine Heidenarbeit in die Perfektionierung ihrer Produkte und Dienstleistungen, doch verdrängen leider eine traurige Wahrheit: Wenn das Produkt nicht verkauft wird oder schlimmer noch: sich nicht verkaufen lässt, dann ist es auch nichts wert!

Mir persönlich macht es null Bock, an einem Produkt zu arbeiten, dessen Erfolg ungewiss ist. Das fühlt sich wie Zeitverschwendung an – eben wie das Melken einer toten Kuh. Habe ich hingegen schon in der Entwicklungsphase eine Landingpage mit Vorbestellungen oder erstes Kundenfeedback, macht die Arbeit am Produkt gleich viel mehr Freude. Natürlich zahle ich für diese Vorgehensweise den Preis, dass mein Produkt nicht als perfekt wahrgenommen wird, aber ich kann es basierend auf dem Feedback doch schnell anpassen, oder? Dadurch erhöhe ich meine Chance, dass das Produkt den Kundenwünschen gerecht wird. Das war jetzt ein Wink mit dem Zaunpfahl, dieses Buch auf Schwachstellen zu überprüfen. Wir freuen uns auf deine scharfe Kritik.

Krisen und ihre Chancen

Mein Bekannter war nicht der Einzige, der zu wenig über den Verkauf nachdachte. Auch StudyHelp hatte während der Coronakrise schwer zu kämpfen. Die wirtschaftlichen Folgen der Pandemie zwangen uns in die Knie, der Umsatz brach erheblich ein. Wir steuerten zwar schnell dagegen, indem wir unsere Crashkurse auch digital anboten, aber niemand buchte sie. Ein Umsatzverlust von 200.000 € drohte uns, wodurch wir mächtig ins Schwitzen gerieten. Nach einigen

Krisengesprächen darüber, woher der alternative Geldsegen kommen soll, der uns aus der Misere retten würde, erinnerten wir uns endlich an einen altbekannten Leitsatz: *Umsatz und Profit first: Der Rest läuft dann von allein.*

Dieser Leitsatz mag gewöhnlich klingen, aber seine Schwierigkeit liegt nicht im Verständnis, sondern in seiner Umsetzung. Durch Wachstum und Investoren befanden wir uns die letzten Jahre in einer überwiegend komfortablen Lage, und wir hatten schlichtweg die Wichtigkeit dieses Grundsatzes ignoriert. Das ist das Gute an Krisen, sie zwingen uns zum Nachdenken und Bewegen.

Es war also an der Zeit, alles im Hinblick auf Umsatz und Profit umzukrempeln und sämtliche Geschäftsaktivitäten einer kritischen Prüfung zu unterziehen. Vorab definierten wir folgende Regeln:

1) Produkte und Prozesse müssen Umsatz einbringen und profitabel sein.
2) Was Regel Nummer 1 nicht gehorcht, muss entweder Kosten einsparen oder einen zeitlichen Vorteil bieten.

Traf keine der beiden Regeln zu, war, was immer wir da auch taten, unnötig. Basierend darauf drehten wir die komplette Firma auf links, alles unter der Berücksichtigung einer mindestens gleichbleibenden Qualität, denn der Kunde sollte weiterhin zufrieden sein. Wir konzentrierten uns stur auf die Geschäftsbereiche, die sich noch lohnten. Das waren unser Verlag und die Online-Nachhilfe.

Up-Selling: Um diese Bereiche noch besser auszuschöpfen, setzten wir verstärkt auf Up-Selling. Wenn wir zum Beispiel ein Mathe-Lernheft verkauften, boten wir gleichzeitig einen Nachhilfelehrer an.

Und wenn wir doch glücklicherweise einen Crashkurs verkauften, schlugen wir unseren Kunden dazu passende Lernhefte vor. Die Not machte uns erfinderisch.

Cross-Selling: Auch Cross-Selling spielte eine stärkere Rolle: Verkauften wir beispielsweise ein Physik-Lernheft, verwiesen wir gleichzeitig auf eine Vielzahl von weiteren Lernheften, zum Beispiel für das Fach Chemie. Die Kunden bekamen unsere komplette Sortimentsbreite angeboten, getreu dem Motto: Umsatz und Profit first!

Und als wir merkten, dass wir vorankamen, stieg die Motivation noch weiter. Wir gingen vom Hundertsten ins Tausendste und vermieteten sogar leere Geschäftsräume und Parkplätze, um diese brachliegende Nutzfläche in Liquidität zu verwandeln. Wir brachten alles, was sich verkaufen ließ, an Mann und Frau. Zu diesem Zeitpunkt fehlte nur noch, dass wir die überflüssigen Einrichtungsgegenstände verkauft hätten. Also verkauften wir sie auch noch! Wir verkauften alles bei Ebay, das nicht niet- und nagelfest war. So schmerzhaft und lehrreich diese Situation – mal wieder – für uns war, so sehr wurden wir am Ende auch für unser schnelles Handeln belohnt. Denn wir machten 2020 sowohl den besten Umsatz als auch den höchsten Gewinn unserer Firmengeschichte. Indem wir einen eingestaubten Leitsatz wieder auskramten!

Die wichtigste Lektion, die wir daraus lernten: Beherzige solche Leitsätze auch, wenn es fantastisch läuft. Widerstehe dem Phlegma des Erfolgs und verbessere dich gerade in Hochzeiten. Das holt natürlich viele Kritiker auf die Agenda, warum man denn trotz vollem Konto in derartiger Sparlaune sei. Zum Glück existiert jetzt dieses Buch, das ich ihnen jetzt freudestrahlend in die Hand drücken kann.

Übrigens wende ich den Grundsatz *Umsatz und Profit first* sogar mit Auswirkung auf mein Privatleben an. Meine Verlobte und ich haben das Agreement, dass nur sie für unseren Haushalt einkaufen geht. Zugegeben, das lässt mich aus dem kritischen Blickwinkel einer Gleichberechtigungsbeauftragten wie einen Pascha aussehen, aber zu meiner Verteidigung: Meine starke Konzentration auf das Unternehmen kommt uns beiden zugute. Oh Mann, das hätte ich wahrscheinlich nicht schreiben sollen.

2.4   Der beruhigende Cashflow

Es scheiden sich die Geister bei der Frage, welche Kennzahl für ein Unternehmen die wichtigste ist. Die Konzerne und Hochschulen haben daraus eine eigene Wissenschaft gemacht und dutzende Kennzahlen hervorgebracht, mit denen jeder Bereich quantifiziert werden soll. Während Finanzmathematiker beim Verfassen der Definitionen vermutlich ein warmes Kribbeln in der südlichen Region verspürt haben, kribbelt es dem Normalsterblichen eher in den Fingern, genervt den Laptop zuzuklappen. Nehmen wir zum Beispiel die folgende Definition des *Liquiditätsgrades*, gefunden im *Wirtschaftslexikon Gabler*: »Der Liquiditätsgrad zeigt, wie oft die kurzfristigen Verbindlichkeiten durch Umlaufvermögensteile unter der Annahme gedeckt sind, die bilanziellen Wertansätze der Vermögensgegenstände ließen sich als Verkaufserlös erzielen.« Na, alles klar?

Für ein junges Unternehmen reicht es wohl, sich vorerst auf die drei Kennzahlen *Umsatz*, *Profit* und *Cashflow* zu beschränken. Deren Wichtigkeit dürfte jeder bestätigen und auch, dass sie möglichst positiv ausfallen sollten. Welche davon die höchste Priorität hat, hängt von der *Phase des Unternehmens* ab. Auch wenn dir die Definitionen dieser drei Kennzahlen wahrscheinlich geläufig sind, lass sie uns trotzdem voneinander abgrenzen, um Missverständnisse zu vermeiden. Für sie existiert ohne Zweifel ein reichhaltiger englisch- und deutschsprachiger Wortschatz.

Umsatz / Umsatzerlöse / Erlöse / Revenue / Turnover / Sales

Der Umsatz ergibt sich aus dem Verkauf der angebotenen Waren und Dienstleistungen: Stückzahl mal Verkaufspreis. Wenn wir bei

StudyHelp 20 Abi-Crashkurse für je 150 Euro verkaufen, ergibt das einen Umsatz von 3.000 Euro. Die Kosten bleiben dabei unberücksichtigt.

Je nachdem, wie eine Firma bilanziert, kann das ausgewiesene Umsatzdatum variieren. In der Regel ist das Bestelldatum ausschlaggebend, zu diesem Zeitpunkt ist aber noch nicht zwangsläufig Geld geflossen. Man kann also durchaus Umsätze verzeichnen und trotzdem kein Geld in der Kasse haben, zum Beispiel, weil der Kunde ein Zahlungsziel von 30 Tagen erhält.

Profit / Gewinn / Ertrag / EBIT / Income / Earnings / Winnings

Der Profit ergibt sich, wenn vom Umsatz die Kosten abgezogen werden. Sagen wir, die Kosten für die zwanzig Abi-Crashkurse liegen bei 1.500 €, wovon der Kursleiter sowie der Raum bezahlt werden. Es ergibt sich ein Bruttoprofit von 1.500 €. Brutto deshalb, weil für den Nettoprofit noch die Kosten für das Marketing, die Buchhaltung etc. berücksichtigt werden müssten. Auch Profit bedeutet nicht zwangsläufig sofortigen Geldfluss. Ein dem Kunden gewährtes Zahlungsziel wirkt sich hierauf genauso aus wie auf den Umsatz.

Kapitalfluss / Geldfluss / Mittelfluss / Cashflow

Während Umsatz und Profit anhand einer Gewinn- und Verlustrechnung errechnet werden, gibt es für die Betrachtung des Cashflows ein eigenes Schema, die sogenannte Kapitalflussrechnung. Im Prinzip geht es um die simple Frage: Wie viel Cash steht uns tatsächlich zur Verfügung? Denn der wahre Kontostand kann innerhalb einer Periode bedeutend von Umsatz und Profit abweichen, was anfangs sehr tückisch für uns war.

Bringen wir unser Beispiel mit den Abi-Crashkursen in die Realität. Es kam schon vor, dass unsere Kunden ihre Plätze bereits 10 Monate vor dem Kurs buchten. Ergo wanderten 3.000 € auf unser Konto, bevor eine Leistung erbracht wurde. Bei vielen ausverkauften Kursen summierte sich das angenehm. Völlig berauscht vom Kontostand ignorierten wir jedoch, dass wir in 10 Monaten die Raumkosten und die Seminarleiter werden bezahlen müssen. Darin liegt die Tücke des Cashflows, dass Einnahmen und Ausgaben zu deutlich unterschiedlichen Zeitpunkten stattfinden können.

Cash ist erst mal wichtiger als Profit

Diese Lektion mussten wir erst lernen. In der *frühen Phase* eines Startups ist der Cashflow meines Erachtens die wichtigste Kennzahl. Wichtiger als der Profit. Ohne Cash in der Kasse ist das Spiel ganz schnell verloren. Im Gegensatz dazu kann ein hoher Cashflow trotz geringer Profite ein stabiles Wachstum erzeugen. Die Voraussetzung dafür ist, dass die Firma konsequent wächst und man genügend Rücklagen bildet. Gleichzeitig muss man aber einen hohen Anteil des Cashflows in Marketing reinvestieren, um dieses Wachstum zu erzeugen. Es ist ein Tanz auf der Rasierklinge.

Am Anfang tat ich mich sehr schwer, dieses Prinzip zu verstehen. Viele große Unternehmen machen das aber genauso. Über den Computerhersteller Dell ist bekannt, dass sein Wachstum erst ab 1996 so richtig durch die Decke ging, als Kunden sich ihre Computer im Internet – direkt auf der Hersteller-Website – konfigurieren und bestellen konnten. Der Kunde zahlte im Voraus für ein Produkt, das individuell und basierend auf seinem Wunsch gebaut wurde. Hierfür nahm der Kunde buchstäblich eine längere Wartezeit in Kauf, wo er doch bei einem örtlichen Computerhändler um die Ecke seinen neuen PC hätte direkt mit nach Hause nehmen können. Diese Wartezeit war Dells Cashflow-Vorteil. Natürlich war das nicht der einzige Grund für Dells Wachstum, die von ihnen übernommene Kostenführerschaft hat ihr Übriges getan.[19]

Hausgemachte Cashflow-Probleme

Leider gibt es auch zahlreiche Negativbeispiele. Gründer oder Privatleute, die in ein Liquiditätsproblem geraten, nehmen oft ein Darlehen bei der Bank auf. Mit der frischen Liquidität tilgen sie dann ihre Schulden bei Freunden, der Familie oder Investoren, wodurch sie unmittelbar wieder in ein Cash-Problem geraten. Nur haben sie jetzt zusätzlich die Kreditrate am Hals. Das kann für die Betroffenen in einem Teufelskreis enden. Ich sehe diesen übertriebenen *Schuldentilgungsdrang* sehr kritisch, denn ein Unternehmer mit einem Cash-Problem ist ein schlechter Unternehmer. Er ist blind und rennt jedem Euro hinterher. Die Situation paralysiert ihn und raubt ihm sämtliche Schaffenskraft, die aber so dringend in der frühen Phase des Unternehmens gebraucht wird. Außerdem gibt es keine Kapazitäten mehr für Vertrieb und Marketing. Wie soll ein Unternehmen so wachsen?

Mit Schulden klarkommen

Bei StudyHelp waren wir ebenfalls in einer unangenehmen Situation durch fehlenden Cashflow. Das war während der Facebook-Krise im Jahr 2018, die für uns nichts mit den angeblichen Sicherheitslücken zu tun hatte, vielmehr griffen unsere Werbemaßnahmen dort auf einmal nicht mehr. Infolgedessen blieb das Wachstum leider aus, und unsere Rücklagen waren schnell verbraucht. Also nahmen wir ein

Wandeldarlehen auf, womit der Kapitalgeber die Chance hatte, das geliehene Geld zum Rückzahlungszeitpunkt in Unternehmensanteile umzuwandeln. Das Darlehen verschaffte uns eine Galgenfrist von zwölf Monaten, um unser Kapitalflussproblem in den Griff zu bekommen, was glücklicherweise durch den Aufbau eines alternativen Vertriebskanals gelang. Natürlich erzeugte es Druck, dass unsere Zeit auf 12 Monate begrenzt war. Dieser Druck fühlte sich für uns aber immer noch besser an, als Insolvenz anmelden zu müssen.

Tatsächlich kenne ich einige Privatpersonen, die sich ebenfalls in eine illiquide Situation brachten, und zwar ganz bewusst. Die Rede ist von Eigenheimkäufern, die ihre Darlehenskonditionen exakt so wählen, dass sie sich die Annuitätenrate gerade noch so leisten können. Die Finanzierungen sind sozusagen »auf Kante genäht«. Schulden zu machen fühlt sich für sie sehr unangenehm an, weshalb sie das Darlehen für ihr Haus lieber nach 15 oder 20 statt nach 25 oder 30 Jahren zurückgezahlt haben wollen.

Die Abneigung gegen Schulden ist ja noch verständlich, aber warum nehmen solche Personen überhaupt ein Darlehen auf? Das erscheint paradox. Denn diese Schuldenaversion führt zu einem ausgeprägten Cashflow-Problem, weil wirklich alles für die Bankrate draufgeht. Folglich bleibt ihnen wenig Geld für Urlaube und Vergnügungen jeglicher Art. Und auch nichts für Investitionen, mit denen sich tatsächlich langfristiger Wohlstand aufbauen ließe. »Mein Haus ist meine Rente«, ertönt es dann auf Nachfragen, warum sie sich diesen Finanzterror antun. Das ist Quatsch, denn ein Haus erwirtschaftet kein Einkommen, selbst dann nicht, wenn es abbezahlt ist. Damit es ein Einkommen und somit eine *Rente* einbringt, müsste man es verkaufen oder zumindest Teile davon vermieten (zum Beispiel eine

Einliegerwohnung). »Es spart aber die Miete ein«, wird darauf gern gekontert. Das stimmt, aber dabei wird gern vergessen, dass die Bewirtschaftung eines Hauses viel Geld kosten kann – auch nachdem es abbezahlt wurde. Vielleicht geht die Heizung kaputt, das Dach wird undicht oder das Bad sehnt sich nach neuen Fliesen? Die vermeintlich eingesparte Miete geht dafür schnell drauf.

Wie kann ich den Cashflow in meiner Firma beeinflussen?

In einem Unternehmen können ganz gezielt Maßnahmen ergriffen werden, die den Cashflow erhöhen. Zum Beispiel sollten möglichst zügig Rechnungen verschickt und auf einen schnellen Zahlungseingang geachtet werden. Wir belohnen zum Beispiel Frühbucher mit einem Bonus, damit das Geld schneller in die Kasse fließt. Skonto und der schnelle Rechnungsversand sind ebenfalls gute Mittel. Ein Freund von mir führt regelmäßig Renovierungen durch und hat mit verschiedenen Handwerkern zu tun. Er erzählte mir, dass manche Handwerker erst Wochen später eine Rechnung schicken, während sein bester Klempner quasi die Rechnung schon verschickt hat, während er noch die Wasserleitung installiert. Welcher Handwerker wird wohl eher ein Cash-Problem bekommen?

Irgendwann sollte der Gewinn wichtiger werden

In späteren Phasen wird der Profit dann zunehmend wichtiger, insbesondere wenn das Wachstum abnimmt. Wann das der Fall ist, ist ein sehr umstrittenes Thema, denn man betrachte beispielsweise die eigenwillige Finanzpolitik der *Tesla, Inc.* Im Jahr 2020 verbuchte Tesla erstmals in der bis dato 17-jährigen Firmengeschichte einen Gewinn. Gewachsen sind sie in den Jahren zuvor jedoch stetig und massiv. Ist

Tesla jetzt aus finanzmathematischer Sicht erfolgreich oder nicht? Darüber lässt sich streiten. Was aber viel wichtiger ist: Der Fall zeigt, dass ein Unternehmen wachsen kann, solange genügend Cash da ist. Dennoch scheint es mir vernünftig, den Gewinn nicht zu vernachlässigen, da sonst die Aktionäre und Investoren – und auch die Gründer selbst – irgendwann enttäuscht sein könnten und sich unter Umständen weigern, frisches Kapital zur Verfügung zu stellen.

Maßnahmen, die den
Cashflow erhöhen

2.5   ZDG – Zahlen, Daten, Gefühle

Wenn es um Zahlen geht, dann schalten manche Gehirne instinktiv in den Energiesparmodus. Und genau aus diesem Grund hören die Betroffenen lieber auf ihr *Gefühl*, anstatt aufwendig Zahlen zu analysieren. Das Bauchgefühl mag seine Daseinsberechtigung haben, daher widerspreche ich hier keineswegs dem ihm gewidmeten Abschnitt im ersten Kapitel. Nur gibt es eben Situationen, in denen das Bauchgefühl so überhaupt nichts zu melden hat. Das trifft immer dann zu, wenn Zahlen eine eindeutige Sprache sprechen, die vielleicht ein Gefühl auslösen, aber sicher nicht »erfühlt« werden kann.

Die tückische Relativität

Erst kürzlich fühlte einer unserer Marketingmitarbeiter, dass die Verkäufe von Webinaren seit der Coronakrise besser laufen würden – zunächst sehr naheliegend. Die Aussage war: »20 % der Kunden kaufen ein Webinar, früher waren es nur 10 %.« Und tatsächlich erhöhte sich der Webinar-Anteil am Gesamtumsatz, wodurch er sich in seiner These bestätigt fühlte. Dieses scheinbare Wachstum machte mich neugierig, also schauten wir uns das genauer an. Wir fanden heraus, dass der Umsatz mit dem klassischen Kursgeschäft zwar rückläufig war, Webinare aber unverändert häufig gebucht wurden. Dadurch veränderte sich lediglich das Umsatzverhältnis dieser beiden Dienstleistungen zueinander, wodurch sich unser Mitarbeiter täuschen ließ. Es ist tückisch, Zahlen allein relativ zu betrachten, ohne »absolut« nachzurechnen.

Solche irreführenden Interpretationen wären ja nicht weiter schlimm, aber sie verleiten schnell zu Handlungen. Ein Trend wird gesehen, der nicht da ist, woraufhin Geld in eine Produktsparte investiert wird, die vermeintlich aussichtsreich ist. Und genau dann wird's brenzlig. Deswegen sollte man in erster Linie den Fakten vertrauen. In unserem Fall hieß das im Klartext: Das Kursgeschäft ist rückläufig. Fakt. Webinare werden genauso häufig gebucht wie vorher. Fakt. Der Gesamtumsatz ist gesunken. Fakt. Woran liegt das? Darüber lässt sich streiten.

Fakten und Gerüchte

Das klingt alles sehr plausibel, aber Fakten werden gern ignoriert. Das ist menschlich, denn Gerüchte sind viel spannender als Fakten. Spekulative Fragen wie »Hat die Chefin eine Affäre mit dem Neuen aus der Buchhaltung?« oder »Wieso kann sich mein Kollege jede Woche neue Klamotten leisten? Hat der im Lotto gewonnen, oder was?« sind spannender als Fakten wie »Der Umsatz mit Webinaren beträgt 86.523 Euro«. Fakten sind langweilig, sie nehmen uns die Möglichkeit, zu behaupten, zu spekulieren, zu philosophieren.

Eine Zeit lang verringerte sich der Traffic auf unserer Website. Das war Fakt. Daraufhin entstand das Gerücht, die schlechteren Umsätze stünden in unmittelbarem Zusammenhang mit den Klicks. Wir müssten also nur die Klickrate erhöhen und würden automatisch mehr Umsatz generieren. Traumhaft, wenn's so einfach gewesen wäre. So einfach war die Sache aber leider nicht, denn dafür muss die richtige Zielgruppe auf unserer Website verkehren. Außer Acht gelassen wurde, dass die Klickraten früher immer genau dann stiegen, wenn wir Werbung auf Facebook schalteten, aber auf einmal griffen unsere Werbemaßnahmen dort nicht mehr. Warum, darüber kann man nur spekulieren. Wahrscheinlich, weil unsere Zielgruppe – wissbegierige

Abiturienten und Studenten – zu anderen sozialen Plattformen übergelaufen war. Reklame greift da, wo die gewünschte Zielgruppe verkehrt. Falls wir einen Artikel in der *Freizeit Revue* schalten würden, hätten wir vielleicht scharenweise Rentner auf unsere Website gelockt, aber würden sie Abi-Crashkurse kaufen? Hm, möglicherweise für ihre Enkelkinder. So langsam bekomme ich das »Gefühl«, wir sollten wirklich in der Zeitschrift Werbung schalten. Das Marketing wird umgehend über diese grandiose Idee in Kenntnis gesetzt.

Sind Situationen eindeutig messbar, vertraue ich in erster Linie den Zahlen und versuche, Gefühle zu verdrängen. In einer nicht eindeutig messbaren Situation sind Gefühle wiederum von Vorteil. Zum Beispiel lässt sich eine Verhandlung mit einem neuen Geschäftspartner nicht allein zahlenbasiert führen. Zu viele nicht messbare Faktoren spielen einer Rolle bei der Entscheidung, ob eine Zusammenarbeit sinnvoll wäre. Kann ich der Person vertrauen? Passt die Chemie? Vertreten wir dieselben Werte? Zahlenbasiert lassen sich diese Fragen nur schwer beantworten. Mein Gespür vergleicht die aktuelle Situation instinktiv mit ähnlichen, in denen ich früher schon mal gesteckt habe.

Die Berechnung der Zukunft

Doch was ist mit der spekulativen Zukunft? Benötigen gute Unternehmer nicht *heute* das richtige Gespür für ein *zukunftsträchtiges* Businessmodel? Es heißt doch immer, man müsse Trends frühzeitig wahrnehmen, am besten, wenn sie noch niemand anders vor uns wahrnimmt. Christian hat mich mal wieder dazu genötigt, das Problem zunächst semantisch zu betrachten, und erst danach eine Antwort auf die Fragen zu geben.

Per Definition ist ein *Trend* eine Entwicklung über einen Zeitraum, der von diversen Anzeichen geprägt ist, die das geschulte Auge erkennen kann. Somit ist der Trend statistisch messbar, was wiederum nur auf die Vergangenheit zutreffen kann. Denn niemand kann die Zukunft messen, außer Zeitreisende. Das unterscheidet den Trend von der *Prognose*. Die Prognose ist ein Blick in die ungewisse Zukunft, allerdings argumentieren die Prognostizierenden sehr wissenschaftlich. Vermutlich eintretenden Ereignissen werden Wahrscheinlichkeiten zugeordnet, wie zum Beispiel bei der Wettervorhersage. Und da wir sprachlich gerade so richtig warmgelaufen sind, nehmen wir auch noch die *Spekulation* in unsere Betrachtung auf. Sie ist noch ungewisser als eine Prognose, denn für sie gibt es weder messbare Anzeichen noch wissenschaftlich fundierte Erkenntnisse, die einen Schluss auf die Zukunft zuließen. Hierzu ein Beispiel mit einer Börsianerin und zwei Börsianern.

Trend: Tristan Trendy beobachtet die Steigung einer Aktie über drei Monate. Ob die Aktie weitersteigen wird, weiß er nicht, aber er erkennt, dass sich Anleger zunehmend für sie interessieren. Laut seiner Chartanalyse ist die wichtige »Trendlinie« überschritten. Das muss der richtige Zeitpunkt für den Einstieg sein. Er kauft.

Prognose: Paula Prognosa interessiert sich seit mehreren Monaten für eine bestimmte Aktie, besser gesagt für das zugehörige Unternehmen. Sie studiert die Bilanz, die Gewinn- und Verlustrechnung, die Unternehmensberichte und die Vitas der Vorstandsmitglieder. Sie kennt sogar die Namen ihrer Haustiere. Basierend auf den Informationen errechnet sie das Kursgewinn- und das Kursbuchwertverhältnis und etliche weitere Kennzahlen. Schließlich kommt sie zu dem Schluss, dass die Aktie unterbewertet ist. Sie kauft.

Spekulation: Stefan Spekulatius hat von Aktien überhaupt keine Ahnung, dafür hatte er letzte Nacht etwas Besseres: eine Offenbarung! Im Traum erschien ihm eine Aktie in wunderschöner Sirengestalt und rief verführerisch: »Kauf mich, und ich führe dich zu ewigem Reichtum!« Von diesem lebensechten Traum motiviert ruft er in den frühen Morgenstunden seine Freunde und Familienmitglieder an, borgt sich eine beträchtliche Summe und kauft anschließend Aktien einer ihm völlig unbekannten Firma. Er kann es förmlich spüren, dieses Mal wird es klappen, denn er hat ein gutes »Gefühl« bei der Sache.

Bei StudyHelp verfolgen wir eine Strategie, die auf Trends und Prognosen beruht. Unsere Planung ist agil und ähnelt einem Baumdiagramm, das auf aktuellen Trends basiert. So können Trends jederzeit Einfluss auf unsere Entscheidungen nehmen. Diese Vorgehensweise ist untypisch und stößt auch unseren Investoren regelmäßig auf. Die Regel sind jährliche Forecasts, deren Erfüllung während der folgenden zwölf Monate penibel überwacht wird. Es ergibt Sinn, dass Konzerne eine solche Struktur wählen müssen. Sie ähneln einem voll beladenen Frachtschiff und wir einem kleinen Schnellboot. Wenn auf der Kommandobrücke des Frachtschiffs eine Richtungsänderung angewiesen wird, fährt das Schiff noch mehrere Kilometer, bis es auf dem neuen Kurs ist. Unsere Lenkung funktioniert direkter, wir können uns unmittelbar anpassen. Natürlich haben beide Schiffe ihre Vor- und Nachteile. Ein Frachter ist weniger empfindlich gegen Seegang und hat mehr Vorräte an Bord, um längere Strecken zurückzulegen, dafür muss er aber sehr hierarchisch organisiert sein.

Das soll übrigens nicht heißen, dass wir keine jährlichen Forecasts machen, wir nehmen uns jedoch die Freiheit heraus, unsere Planung agil anzupassen. Auch die Branche spielt hierbei eine Rolle. Die Bildungsbranche ist aktuell ein sehr veränderlicher Markt, da sich das Lernverhalten der Schüler und Studenten in einer Veränderung befindet. Die Coronapandemie hat dazu ihren Beitrag geleistet.

Wenn man solche Trends erkennt, wie in unserem Fall einen deutlich gesteigerten Verkauf von Printmedien, dann sollte man diesem Trend vertrauen und sich darauf ausrichten. Seit Juli 2020 konnten wir mit unserem Verlag ein Umsatzwachstum von 150 % verzeichnen, für die letzten drei Monate betrug es sogar 200 %. Basierend auf diesem Trend und aufgrund meines Bauchgefühls, dass wir durch unsere geplanten Marketingaktionen noch steiler gehen werden, wollte ich unseren Forecast im Januar 2021 auf 300 % pro Monat anpassen. Davon musste mein Mitgründer Carlo zunächst überzeugt werden, denn er hielt uns für wahnsinnig und die Steigerung für utopisch. Zugegeben, der Marketingleiter und ich sind für sehr euphorische Ziele bekannt und man kann uns hier und da für bekloppt halten. In diesem Fall spiele »der Trend aber eine eindeutige Musik«, versuchte ich Carlo zu überzeugen. Außerdem habe der angepasste Forecast einen positiven psychologischen Effekt und beflügle den Vertrieb und das Marketing. Mit meiner Argumentation stützte ich mich auf das »Momentum«, auf das wir im dritten Kapitel zu sprechen kommen. Schließlich ließ er sich überzeugen und passte den Forecast an. Im Januar wuchsen wir übrigens um erfreuliche 400 %. Glück gehabt, sonst wäre Carlo sauer geworden.

Bevor man einem Trend vertraut, sollte er ausreichend lange und kritisch betrachtet worden sein, sonst wird man möglicherweise in die Irre geführt. Gerade in unserem Geschäft gibt es saisonale Schwankungen, die bei solchen Anpassungen berücksichtigt werden müssen.

Tote Monate wie den Mai, in dem das Abitur stattfindet, oder das Sommerloch, das aufgrund der Schulferien entsteht. Das Corona-Jahr 2020 mit dem vorherigen zu vergleichen, ist tückisch, weil sich das Abitur verschoben hat. Veränderungen im Markt lassen sich nur erkennen, wenn man den *aktuellen* Markt in all seinen Einzelheiten versteht. Und wenn man alle anderen bedeutenden Einflüsse erkennt. Vielleicht ist ein Partner weggefallen, dessen Umsatzanteil nun fehlt? Oder ein Partner wurde hinzugewonnen? Oder, oder, oder. Ach ja: Welche Trends gibt es in deiner Branche?

2.6   Abo-Modelle sind die Zukunft

Warum wollen heutzutage so viele Unternehmen ihren Kunden Abonnements andrehen? Der Betreiber des Fitnessstudios um die Ecke hat eher wenig Interesse daran, seine Kunden stundenbasiert oder gar pro Gerätenutzung und Saunagang abzurechnen. Man stelle sich allein das aufwendige Abrechnungssystem vor: »So, Sie haben zweimal die Hantelbank und eine halbe Stunde den Crosstrainer benutzt. Danach hatten Sie noch zwei Durchgänge in der ›Finnischen‹. Die ist schön heiß, ne? Frisst aber auch so viel Strom wie ein Teilchenbeschleuniger. Deswegen macht das bitte 51,67 €!« Deutlich attraktiver wirkt da ein Modell, bei dem sich der Kunde einmalig anmeldet, monatlich abkassiert wird und hoffentlich nur einmal im Jahr erscheint. Wenn nämlich jeder Kunde jeden Tag käme, ginge das Fitnessstudio sehr wahrscheinlich binnen weniger Monate bankrott. Umgekehrt ginge bei einer nutzungsbasierten Abrechnung der Kunde pleite, wodurch er entweder auf das nächste Fitnessstudio oder einen Trimm-dich-Pfad ausweichen würde.

In der digitalen Welt sind Abo-Modelle längst Usus, und gefühlt hat jeder von uns mittlerweile 23 davon an der Backe. Man denke nur an die Streaming-Plattformen Netflix, Spotify, Audible, Amazon Prime, Disney+, MagentaTV, Sky und Joyn. Na, war ein Treffer dabei? Interessant sind diese Modelle vor allem deshalb, weil sie so berechenbar und nachhaltig sind. Der Kunde zahlt brav jeden Monat und eben auch dann, wenn er gar keine Leistung in Anspruch nimmt. Äußerst clever! Aber gleichzeitig auch gefährlich. 10 Euro hier, 20 Euro da. Und eh man sich's versieht, wurden die Fixkosten Summand für Summand in die Höhe getrieben.

Auf der Suche nach einem nachhaltigen Geschäftsmodell

Der Begriff »Nachhaltigkeit« wird heute vorwiegend ökologisch verwendet. Er fällt immer dann, wenn es um die Schonung der Umwelt und die gewissenhafte Ressourcennutzung geht. Dabei gibt es genauso nachhaltige Freundschaften, nachhaltige Beziehungen, nachhaltigen Einfluss, nachhaltige Bauwerke, nachhaltige Naturphänomene – unsere Sonne strahlt schon seit etwa 4,5 Milliarden Jahren und wird uns diesen Dienst (laut Astronomen) auch noch mal so lange erweisen –, und natürlich gibt es auch die *ökonomische* Nachhaltigkeit. Nachhaltig ist in erster Linie etwas, das »sich auf längere Zeit stark auswirkt«, »lange nachwirkt« oder schlicht »andauert«.

Wir haben bei unserem ersten Geschäftsmodell wenig Wert auf ökonomische Nachhaltigkeit gelegt, denn das Kursgeschäft ist ungefähr so berechenbar wie die Richtungsänderung eines Tornados. Jedes Jahr mussten wir neue Kunden gewinnen, Stammkunden gab es quasi nicht. Wie sollte das auch funktionieren? Eine Abiturientin schreibt im Idealfall einmal ihre Abiturprüfungen, und falls sie sie doch ein zweites Mal schreiben muss, wird sie garantiert keinen zweiten Crashkurs bei uns buchen, da sie der erste Crashkurs offensichtlich nicht zum Erfolg geführt hat. Für eine Studentin, die einen Mathecrashkurs bucht, gilt dasselbe Prinzip. Und so waren wir stets von Neukunden abhängig, die aufwendig akquiriert werden mussten, ehe uns die Mundpropaganda zumindest einen kleinen Teil der Kundschaft automatisch lieferte. Doch selbst dadurch wurde das Geschäftsmodell kaum berechenbar. Wenn ich die ökonomische Nachhaltigkeit des Kurgeschäfts bewerten müsste, bekäme es von mir eine glatte Sechs. Es kann schneller wegbrechen als ein nicht nachhaltig gebautes Holzhaus, wie uns auch die letzte Krise verdeutlichte.

Daher konzentrieren wir uns seitdem mehr auf unser Verlagsgeschäft. Der Verkauf unserer Lernhefte und E-Books ist deutlich berechenbarer als das Kursgeschäft, allein schon dank Cross-Selling und der höheren Wiederkaufrate. Somit lässt es sich einfacher skalieren. Aber auch dieses Geschäftsmodell ist noch *zu* stark von Neukunden abhängig und bekommt daher die Nachhaltigkeitsnote Drei.

Die Abo-Chance gibt es fast überall

So richtig überzeugt davon, dass wir zukünftig unbedingt mehr Abo-Modelle einführen sollten, wurden wir durch zwei Ereignisse.

Erstens: Wir waren in der letzten Krise gezwungen, einige Räume unserer »Villa Startup« unterzuvermieten, wodurch wir in den Genuss einer monatlichen Mietzahlung kamen. Das hat uns so gut gefallen, dass wir daraus kurzerhand ein eigenständiges Geschäftsmodell gemacht haben. Wir bieten Gründern und Selbstständigen Büros in unserer Villa an. So können sie in besonderer Atmosphäre ihre Geschäftsidee voranbringen und wir erhalten dafür eine nachhaltige Miete.[*]

Zweitens: In derselben Krise fingen wir an, Werbeflächen auf unserer Homepage zu vermieten, und generierten so ebenfalls regelmäßige Zahlungen. Diese berechenbaren Einnahmen waren für uns eine völlig neue Erfahrung.

Abo-Modelle in unserem Kerngeschäft – dem Bildungssektor

Und welches Geschäftsmodell bekäme in unserer Branche nun die Nachhaltigkeitsnote Eins? Nachhilfe als Abo! Hier bieten wir

---

[*] Falls du noch eine Räumlichkeit in Paderborn suchst:
www.villastartup.de

mittlerweile ein Modell an, das es Kunden ermöglicht, unbegrenzt auf unsere Nachhilfe zuzugreifen. Die Verträge sind längerfristig auf ein bis zwei Jahre ausgelegt. Im Idealfall bezahlen Eltern dieses Abo von der ersten Klasse bis zum Abitur ihres Schösslings.

Eine weitere Abo-Idee wären Lizenzen. Angenommen, Schulen würden uns jährlich eine Gebühr dafür bezahlen, dass sie unsere Lernprodukte in Anspruch nehmen dürfen, dann wäre das traumhaft berechenbar für uns. Nachdem die Schule einmal akquiriert wurde, was zugebenermaßen aufgrund des starren Konstrukts sehr schwierig ist, läuft das Geschäft im Bestfall auf ewig. Eine derartige Planungssicherheit freut natürlich auch Investoren und Banken.

Die verlockende Exklusivität

Die Unternehmensberatung Interbrand analysierte im Jahr 2020 die wertvollsten Marken und fand heraus, dass »zwei Drittel der untersuchten Topmarken, deren Markenwert dieses Jahr zweistellig gewachsen ist, über Abo-Modelle verfügen.«[20] Das muss aber nicht heißen, dass sich Abos nur für Unternehmen wie Apple, Amazon, Microsoft und Facebook lohnen, die eine gigantische Markenbekanntheit besitzen. Jedes Unternehmen kann sich in diese Richtung erweitern. Dabei ergibt es Sinn, das Element der *Exklusivität* zu berücksichtigen. Kunden lieben es, wenn sie exklusiv behandelt werden.

Du kennst doch bestimmt die App *Clubhouse*, der man anfangs nur beitreten konnte, wenn man eine »exklusive« Einladung eines Mitglieds erhalten hatte. Das war natürlich nur ein Trick der Betreiber, um möglichst vielen Leuten das Gefühl zu vermitteln, diese App wäre etwas ganz Besonderes, das man unter keinen Umständen verpassen sollte. Eingeladen zu werden erschien vielen als Privileg, diesem exklusiven Kreis angehören zu dürfen. Der daraus resultierende Hype war sicherlich genauso programmiert wie die App selbst, denn kein ökonomisch denkender App-Hersteller würde seine Mitgliederzahl künstlich verknappen wollen. Die Idee war: Exklusivität wirkt anziehend!

Übrigens ist es heute einfacher denn je, ein Abo zu kündigen. Während man früher im schlimmsten Fall ein Jahr warten musste, um das lästige Zeitschriften-Abo zu kündigen, nur weil man den freundlichen Kundendienst telefonisch wochenlang nicht erreicht und dadurch die Kündigungsfrist versäumt hatte, kann man heute das Vertragsverhältnis mit den meisten Anbietern per einfachem Klick kündigen. Interessanterweise hat das offenbar nicht dazu geführt, dass wir kündigungsfreudiger geworden sind. Oder machst du regelmäßig von diesem Recht Gebrauch und lichtest deine Abo-Liste? Eben! Ein Grund mehr für Unternehmer, sich die Sache genauer anzusehen.

Hier geht's zur »Villastartup«

2.7 Systemlose Meetings sind sinnlos

Hattest du nach einem Meeting auch schon mal das Gefühl, dass du soeben um 60 Minuten deiner kostbaren Lebenszeit beraubt wurdest? Vielleicht weil die Vorbereitung und die Leitung eine Zumutung waren? Oder weil die Hälfte der Teilnehmer nicht verstand, was sie hier eigentlich verloren hatte, und aus dem resultierenden Desinteresse lieber an ihrem Handy daddelte? Oder lag es womöglich daran, dass am Ende nichts entschieden wurde? Es tut mir leid, dir diese Mitteilung machen zu müssen: Du wurdest Opfer eines nimmersatten Zeitdiebs – der schlechten Organisation!

Ohne übergeordnetes Ziel, roten Faden und Pünktlichkeit sind Meetings die ultimative Zeitverschwendung. Rechne doch mal nach: Wenn acht Leute eine Stunde lang in einem überflüssigen Meeting hocken, verschwendet die Firma bereits einen ganzen Arbeitstag. Damit es nicht zu solch sinnlosen Einberufungen kommt, ist ein cleveres *Management-System* nötig, mithilfe dessen alle unternehmerischen Aktionen auf ein gemeinsames Ziel ausgerichtet werden können. Dieses System kannst du dir wie den Bauplan eines Wolkenkratzers vorstellen. Wolkenkratzer deshalb, weil dein Umsatz damit hoffentlich bis in die Stratosphäre vordringt.

Zuallererst stellt sich die Frage, ob du dir das System eines großen Anbieters überstülpen oder ein komplett eigenständiges aufbauen möchtest, das maßgeschneidert auf deine Bedürfnisse ist. Unser Bauplan ist eine Kombination aus *EOS (Entrepreneurial Operating System)*, ein von Gino Wickman entwickeltes Prinzip zur Unternehmenssteuerung, und *Scaling Up,* ein System eines Mitglieds der *Entrepreneurs' Organization (EO)*. Ich bin der Meinung, dass es nicht DAS System gibt. Viel wichtiger ist, wie gut es umsetzbar und wie wirkungsvoll es ist. Im Folgenden gebe ich dir einen Einblick in unsere konkrete Umsetzung.

Die wahre Identität finden

Nicht nur Menschen haben eine Identität, für Unternehmen gilt das ebenso. Teil dieser Identität sind *Vision, Mission* und *Werte*. Daran haben wir zwei Jahre lang gearbeitet, bis wir uns endlich mit dem Ergebnis identifizieren konnten. So lange brauchten wir, um uns zu »finden«. Das Problem war, dass wir Irrtümern unterlagen und ein unrealistisches Wunschbild zu erfüllen versuchten. Wir meinten, übertrieben seriös wirken zu müssen, weil wir dachten, das würde von uns verlangt. Du weißt schon: Das Hemd bis oben zugeknöpft und in die enge Stoffhose gesteckt. Dazu frisch polierte Lederschuhe, die am Spann drücken. Und eine selbstgefällige Businessmiene aufgesetzt, die jeden sofort erkennen lässt, wer der Boss ist. Doch wir sollten feststellen, dass das gar nicht zu uns passte, und lernten eine wichtige Lektion: Unsere Werte sollten verkörpern, wer wir sind, und nicht, wer wir meinen sein zu müssen. Solche Eingebungen können über Nacht kommen, bei uns war es eine lange Entwicklung. Das Resultat sah so aus:

Vision: »Bis 2024 wollen wir eine Million Produkte verkauft haben und die Nr. 1 in der Bildungsbranche für Schüler und Studenten sein.«

Mission: »Wir wollen Menschen mit Wissen zu Erfolgen führen.«

Werte: »Erfolgshungrig, smart, Macher, Wir sind Wir«

Wenn eine solche Identität erst einmal definiert ist, dann muss sie auch transportiert und gelebt werden. Aus diesem Grund haben wir eine Agenda aufgebaut, die jedes Meeting gemäß unserer Identität strukturiert. Die Themen ändern sich natürlich, aber der Aufbau bleibt identisch.

AGENDA		
TOP	Anmerkung	Zeit (Min)
Vision, Werte & Stimmung	Communication Starter, 1x Vision und Werte erwähnen, aktuelle Stimmung.	3
Einführung	Moderator erwähnt, was wir beim letzten Mal schlecht / gut gemacht haben.	2
Gegenseitiges Update	1 min pro Person.	10
KPIs	Jeder trägt den Stand seiner KPIs ein und wir schauen gemeinsam drauf.	10
Laufende To-dos	Updates zu den To-Dos der Vorwoche.	5
Issues und neue To-Dos	Wo gibt es Issues? Wer hat neue Issues eingetragen? 20 min Lösung.	25
Müssen wir jemanden informieren?	andere Bereiche/Personen im Team, die nicht anwesend sind.	2
Retrospektive: heutiges Meeting	Was war gut? Was war schlecht?	3

Manche Tagesordnungspunkte wirken auf den ersten Blick zeitlich etwas knapp, aber wir laufen gut damit. Wir haben die Erfahrung gemacht, lieber etwas weniger Zeit für die Punkte einzuplanen, so kommen wir schneller auf den Punkt und vermeiden erschöpfende Ausführungen.

Messbare Fortschritte

In der Agenda fallen einige Abkürzungen und englische Begriffe auf. Einer davon ist der *Key Performance Indicator*, kurz KPI. Mit solchen Leistungskennzahlen lassen sich die Fortschritte und Erfolge eines Unternehmens bewerten. KPIs können und sollten für übergeordnete Ziele wie Umsatz, Gewinn und Cashflow definiert werden, und ebenso sind sie hilfreich dabei, die Auslastung und die Bemühungen einzelner Bereiche zu messen. Mit ihrer Hilfe können abstrakte Unternehmensziele auf die jeweiligen Bereiche heruntergebrochen werden.

Hierzu ein Beispiel: Angenommen, unser diesjähriges Ziel wäre eine Umsatzsteigerung von 50 % mit dem Verkauf von Lernheften. Dann könnten die KPIs für den Bereich *Marketing & Vertrieb* lauten:

1) Jeden Tag einen Post in den sozialen Medien machen.
2) Zwei neue Autoren pro Monat gewinnen.
3) Jede Woche ein neues Heft herausbringen.
4) Unsere Youtuber dazu animieren, jede Woche ein Video zu veröffentlichen.

Selbstverständlich kann mit solchen KPIs nicht sichergestellt werden, dass der Umsatz am Ende des Jahres punktgenau um 50 % gestiegen ist. Darum geht es auch gar nicht, denn die Richtung ist entscheidend. Vielleicht verfehlen wir das Ziel knapp, oder wir überschreiten es deutlich. Die KPIs machen die abstrakten 50 % greifbarer, darum geht es. Außerdem kann die Zahl unterjährig angepasst werden, wenn man mit seiner Prognose völlig daneben lag.

Mit dieser Vorgehensweise lassen sich schnell Probleme erkennen, mit denen die Mitarbeiter zu kämpfen haben. Der KPI »steht auf Rot«. Unsere Mitarbeiter fassen dieses Problem prägnant zusammen, woraus ein *Issue* resultiert. Zum Beispiel: »Wir hängen dem Umsatz mit Mathe-Lernskripten hinterher, weil … « Dieses Issue wird dann im Team besprochen. Gemeinsam wird nach Lösungsansätzen gesucht, um das Problem zu beseitigen. Ein *To-do* entsteht: »Um den Umsatz anzukurbeln, sollte … gemacht werden«.

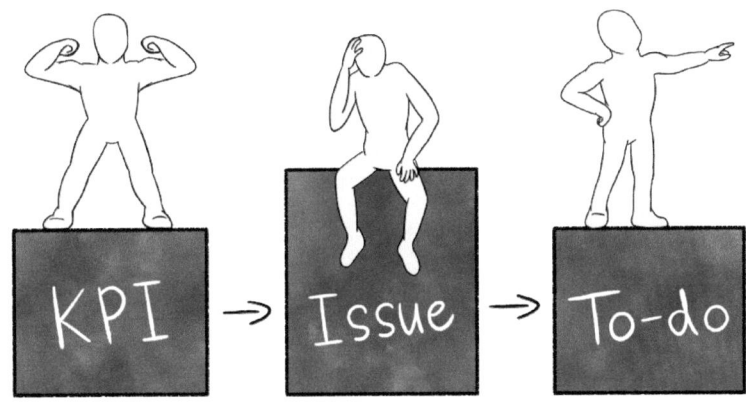

Der Zweck der KPIs ist die kontinuierliche Verbesserung der Mitarbeiter, der Prozesse, der resultierenden Ergebnisse und somit der gesamten Firma. Aus diesem Grund definieren wir zum Beispiel für jeden Mitarbeiter einen KPI, der sich auf den Gewinn bezieht. Völlig unabhängig von der Position. So wollen wir unsere Mitarbeiter daran erinnern, dass sie eine zentrale Rolle bei der Erzielung von Gewinnen spielen und dass wir alle gemeinsam auf ein Ziel hinarbeiten sollten.

Nur ein profitables Unternehmen kann seine Vision verfolgen und seine Mission erfüllen. Deshalb stellen wir uns am Ende jedes Meetings die Fragen: Sind wir als Firma durch die vergangenen 60 Minuten besser geworden? Haben wir damit auf unser *KPI-Konto* eingezahlt? Das kannst du dir als Unternehmenskonto vorstellen, auf das jeder Mitarbeiter seine Arbeitsleistung einzahlt. Er bezahlt die Firma, die Firma bezahlt ihn. Das klingt so profan, aber manche Angestellte scheinen das nicht verstehen zu wollen und betrachten diese Gleichung zu einseitig. Umgekehrt fordern manche Firmen auch zu viel Arbeitsleistung von ihren Mitarbeitern für zu wenig Bezahlung. Das Konto muss ausgeglichen sein.

Gerade die wöchentliche Frequenz der KPI-Meetings hat uns geholfen besser zu werden. Eine Zeit lang trackten wir unsere Ergebnisse nur quartalsweise nach dem OKR-System (Objectives and Key Results), aber das passte nicht zu uns. Manche Mitarbeiter fingen erst viel zu spät an, sich mit den Aufgaben zu beschäftigen. Anderen fingen zwar früh genug an, stießen aber schnell auf Hindernisse, die allein nicht zu bewältigen waren und sie zur Kapitulation zwangen. Aus beiden Fällen resultierte eine schlechte Vorbereitung. Eine wöchentliche Frequenz war für alle Beteiligten motivierender, allein schon, weil das Management so viel besser bei der Beseitigung von Hindernissen helfen konnte. Die Themen sind durch die kurze Frequenz so präsent, dass sie gar nicht verschleppt werden können. Das gilt aber sicher nicht für jedes Unternehmen. Genauso wie es nicht DAS System gibt, gibt es auch nicht DIE Frequenz. Teams und Aufgaben sind zu verschieden, als dass sich eine universelle Aussage treffen ließe.

Führen diese kurzen Intervalle nicht zum Kontrollwahn?
Das klingt alles nach einer sehr kontrollierenden Vorgehensweise, aber im Grunde verfolgen wir das genaue Gegenteil. Im Management geben wir die »globalen« KPIs – basierend auf Vision, Mission, Werten, Umsatz- und Gewinnzielen – von oben vor. Aber jeder Verantwortliche entwickelt in seinem Geschäftsbereich eigene KPIs, um die übergeordneten Ziele zu erreichen.

Dahin mussten wir aber erst mal gelangen. Es gab eine Zeit, da haben wir alle Mitarbeiter ihre KPIs selbst definieren lassen. Völlig ohne übergeordnete KPIs. Wir dachten, sie würden selbst am besten wissen, wie sie ihre Tagesabläufe strukturieren sollten, doch das war leider ein Irrtum. Sie wissen es zwar aus ihrer Brille, aber sie verfolgen nicht unbedingt das Wichtigste aus globaler Sicht. Teils wurden KPIs definiert wie zum Beispiel, die Buchhaltung »sauber und pünktlich« abzuliefern. In prekären Zeiten, wenn wir in vier Wochen drohen, »cashout« zu gehen oder völlig unprofitabel wirtschaften, sollten aber andere KPIs wichtiger sein. Viel wichtiger als eine pünktliche Buchhaltung ist in dem Moment »Kosten einzusparen«.

Einen Mitarbeiter aus dem Finanzbereich mussten wir zunächst an die wirklich wichtigen Aufgaben heranführen und entwickelten ihn schrittweise zum Chief Financial Officer (CFO). Der Fehler lag also bei uns. Mittlerweile können unsere Mitarbeiter die richtigen KPIs definieren. Und genau das ist unser generelles Ziel: Zunächst geben wir eine Vorgehensweise vor und geben die Verantwortung anschließend mehr und mehr ab, bis unsere Funktion schließlich der Feuerwehr gleichkommt. Wir löschen dann allenfalls noch Brände. Wobei gar nicht mehr alle Brände im Management ankommen. Unsere Mitarbeiter sind selbst zu Feuerwehrmännern geworden. So wie ich diese Zeilen schreibe, wird mir klar, dass ich mehr und mehr überflüssig werde. Ist mein Job gefährdet?

Und wo bleibt der Spaß bei der ganzen Systematik?

Angenommen, du dürftest einer allwissenden Entität eine einzige Frage stellen – welche wäre das? Nur eine! Also ich wüsste gern, wie das Universum entstanden ist. Klar, alles begann mit dem Urknall, und seitdem dehnt sich Materie mit Lichtgeschwindigkeit aus. Aber was war vor dem Urknall? Ich meine, der Urknall muss doch auch »irgendwo heraus« entstanden sein, oder nicht? Angeblich war da vorher einfach »Nichts«. Das bekomme ich nicht in meinen Kopf: Wie kann Alles aus dem Nichts begonnen haben? Klingt irgendwie nach dem Plot von »Scarface«: Vom Tellerwäscher zum Drogenboss. Obwohl am Ende des Films nach Allem wieder das ewige Nichts kommt – zumindest für Tony Montana.

Diese Technik nennen wir *Communication Starter,* mit dem wir jedes Meeting beginnen. Dem aufmerksamen Auge ist dieser Begriff bereits in unserer Meeting-Agenda aufgefallen. Wir denken uns jede Woche eine unterhaltsame Frage aus, die jeder Teilnehmer kurz beantwortet. Letztens lautete sie: »Mit wem würdet ihr gern mal zu Abend essen?« Die spannendste Antwort darauf war »Edward Snowden«. Mit solchen Antworten geben unsere Mitarbeiter etwas über ihre Persönlichkeit preis und lernen sich untereinander besser kennen. Falls wir beim nächsten Mal fragten, wie die Teilnehmer zur Einstellung der CIA ständen, dürfte die Antwort desjenigen, der sich nach einem Dinner mit Edward sehnt, eindeutig ausfallen. Moment, das bringt mich auf eine Idee: Die CIA weiß bestimmt, was *vor* Allem war. Immerhin verfügen sie über eine zentrale Intelligenz und müssen das wissen.

Hier geht's zur Grafik:
KPI -> Issue -> To-do

2.8   Die automatische Sinnlosigkeit

»Mit der Hand am Arm« lautet eine deutsche Redewendung, die insbesondere im süddeutschen Raum sehr beliebt ist. Gemeint ist die pragmatische Umsetzung von etwas, ohne zu viele komplizierte Gedanken. Dinge auf einfache Art anzupacken stellt vor allem theoretisch erstklassig ausgebildete Menschen immer wieder vor Schwierigkeiten. Akademiker eifern den großen Visionären wie Elon Musk, Steve Jobs und Richard Branson nach und bewundern sie für ihren hohen Stand der Technik und ihre Automatisierungskünste. Geld müsse man heutzutage »automatisch« verdienen, lautet die gefühlte Devise. Doch ausgerechnet die genannten Visionäre haben sich alles mühselig und manuell mit ihren beiden fünffingerigen Helfern aufgebaut. Sie alle fingen mit der Hand am Arm an, funktionierten als Vertriebler, Werber, Programmierer und Buchhalter in einer Person. Von Elon Musk weiß man beispielsweise, dass er mit seinem Unternehmen *Zip2* potenzielle Kunden habe überzeugen wollen, Werbung im Internet zu schalten. Dafür wurde er Mitte der Neunziger ausgelacht. Wenn Elon und sein Bruder aber doch jemanden von dieser weltfremden Idee überzeugen konnten, boten sie ihre Dienste händisch an. Nichts war automatisiert.

Zu Anfang gab es bei uns laute Stimmen, dass alles automatisiert werden solle. ALLES. Das sei die einzige Möglichkeit, um ein Business zu skalieren. Händische Prozesse seien out und wir schließlich nicht mehr in den Neunzigern. Das stimmt schon grundsätzlich: automatisierte Prozesse können besser skaliert werden als manuelle. Jedoch sollte für die Automatisierung ein wichtiges Prinzip gelten:

»Umsatz und Profit first«. Solange das nicht klar erkennbar ist, sollte auf die Automatisierung verzichtet werden.

Dieses richtungsweisende Prinzip wurde oft vernachlässigt. Manchmal wurden Dinge automatisiert, die zwar zu einer kleinen Zeitersparnis führten, aber deren Programmierung teurer war als die eingesparte Zeit wert. Das sorgte für viel Diskussionsstoff mit unserer IT – und auch heute wird darüber noch viel diskutiert. In solchen Diskussionen werden gern zwei Punkte vernachlässigt:

1) Die Programmierung kostet Geld. Nur weil ein IT-Mitarbeiter »eh sein Gehalt bekommt«, ist es noch lange nicht egal, was er programmiert.

2) Und selbst wenn eine Automatisierung erheblich Zeit einspart, heißt das noch lange nicht, dass diese »ersparte« Zeit von den Mitarbeitern auch effizient genutzt wird.

Dass wir uns nicht missverstehen: Es besteht kein Zweifel daran, dass wir unser Kursgeschäft ohne die Leistung der IT niemals hätten auf 200 Standorte skalieren können. Das war ganz sicher richtungsweisend. Trotzdem bauen wir zu oft Features, die uns nur auf Mikroebene helfen. Das liegt daran, dass das Management (vor allem ich) verpasst hat, unsere IT auf Umsatz und Profit auszurichten. Vor allem, weil es ein sensibles Thema ist. Jemand braucht viel Fingerspitzengefühl, wenn er seine Mitarbeiter fragen möchte, wofür sie ihre Zeit einsetzen. Er kann damit seine Mitarbeiter schnell verletzen und selbst als raffgierig und profitgeil abgestempelt werden. Das gilt es zu vermeiden. Am überzeugendsten sind wohl Beispiele. Schauen wir uns zwei Programmierungen an und urteilen danach, welche sinnvoller für das Unternehmen war:

Automatisierung A: KPI-Auszug
Kürzlich haben wir eine Funktion für den automatischen Download eines *neuen und nicht erprobten* KPIs programmiert. Dieser Auszug war anschließend per Klick direkt abrufbar und erspart schätzungsweise 10 Stunden pro Jahr. Die Programmierung dieser digitalen Abkürzung hat zwei Stunden gedauert.

- 2 Stunden Programmierzeit führen zu 10 Stunden Zeitersparnis pro Jahr.
- Der Mitarbeiterwert pro Stunde beträgt ca. 100 Euro.
- Also führen 200 Euro Programmierungskosten zu 1000 Euro Zeitersparnis pro Jahr.
- Die Aktion amortisiert sich nach ca. 2,5 Monaten.

Die Aktion amortisiert sich allerdings nur, wenn die »ersparte« Zeit auch gewinnbringend eingesetzt wird, also in irgendeiner Form einen Return bringt. So gesehen unterliegt die Zeitersparnis dem Element *Hoffnung*. Schließlich könnte der Mitarbeiter fortan auch einfach früher Feierabend machen, oder? Das sei ihm grundsätzlich gegönnt, allerdings sollte das bei der Berechnung des geldwerten Vorteils berücksichtigt werden.

Automatisierung B: Tool zum Up-Selling
Stellen wir uns vor, stattdessen hätte die IT in der *zehnfachen* Zeit ein neues Vertriebs- oder Marketingtool gebaut, das uns pro Jahr 72.000

Euro mehr Umsatz einbrächte. Das klingt viel, ich weiß. Aber tatsächlich bauten wir in 20 Stunden ein Programm, das uns automatisches Up-Selling ermöglicht hat. Seitdem bekommt jeder Kunde zusätzliche Produkte und Dienstleistungen angeboten, was zu einer Umsatzsteigerung von durchschnittlich 200 Euro pro Tag (72.000 Euro pro Jahr) führte:

- 20 Stunden Programmierzeit führen zu 72.000 Euro Umsatz.
- Der Mitarbeiterwert pro Stunde beträgt ca. 100 Euro.
- 2000 Euro Programmierkosten führen zu 72.000 Euro Umsatz.
- Bei einer Marge von 50 % amortisiert sich die Aktion nach zwanzig Tagen! Und das schönste daran: Der zusätzliche Geldwert unterliegt nicht dem Element Hoffnung (wie Automatisierung A), sondern ist direkt messbar.

Diese Beispiele wirken extrem? Gut so! Es spricht nichts dagegen, beide Automatisierungen durchzuführen. Aber die Beispiele verdeutlichen, mit welcher man beginnen sollte. Der KPI-Auszug kann ruhig noch eine Zeitlang »händisch« abgerufen werden, bis das Up-Selling-Tool fertig ist. Und wenn du dir mal unsicher sein solltest, ob eine Automatisierung sinnvoll ist, hilft dir vielleicht der folgende Entscheidungsbaum:

IT-Verantwortliche vertreten gern die Meinung, dass alles um jeden Preis automatisiert sein müsse, andernfalls sei es Bullshit. Sie sträuben sich gegen manuelle Vorgehensweisen und verlieren dabei manchmal den Blick für das Wesentliche: Umsatz und Profit! Beispiel gefällig?

Da hätte ich eines aus dem Bereich *Forderungsmanagement*. Ein durchaus wichtiges Thema für alle Unternehmer, die nicht pleitegehen wollen. Wir haben immer noch keine sauber automatisierte Lösung, um Kunden wegen ausstehender Zahlungen anzumahnen. Also riet ich unserer IT, das Geld klassisch mithilfe einer Textnachricht einzufordern. Mein Argument war: »Lieber händisch Geld verdienen, als automatisiert verbrennen!« Etwas reißerisch, zugegeben. Man wehrte sich vehement gegen meinen Vorschlag, weil dieses Vorgehen angeblich viel zu urzeitlich sei. Da könnten wir ja gleich über Rauchzeichen kommunizieren. Aber ein IT-basiertes Startup hat das gefälligst automatisch zu lösen. Und so redete ich mir eine Stunde lang den Mund fusselig, dass liquide Mittel die Basis unseres Daseins bilden würden und dass mir auch Rauchzeichen recht wären, solange die säumigen Zahler schneller die Kohle ranschaffen. Bis ich die zuständige Person schließlich von meiner »händischen« Idee überzeugen konnte. Das

Resultat war ein zusätzlicher monatlicher Cashflow von 3.000 Euro. Natürlich wäre ein automatisierter Prozess hierbei sehr hilfreich gewesen, aber es scheint unvernünftig, Geld auf der Straße liegen zu lassen, nur weil noch kein geldeintreibender Algorithmus existiert.

Übrigens befinden wir uns aktuell wieder einer intensiven Diskussion. Es geht darum, den Logistiker zu wechseln. Der wäre zwar 2.000 Euro teurer als unsere jetzige Lösung, würde uns aber viel Arbeitszeit sparen. Also eines ist klar: Wenn diese Zeit nicht sinnvoll eingesetzt wird, hat sich das Betriebsergebnis lediglich um 2.000 Euro verschlechtert. Wir müssten 4.000 Euro mehr Umsatz machen, damit sich die Aktion lohnt. Schließlich dürfen wir unsere Marge nicht vergessen, die leider nicht bei 100 %, sondern nur bei 50 % liegt: **4.000 Euro x 50 % = 2.000 Euro Gewinn.** Erst jetzt würde sich die Aktion amortisieren. Mal sehen, wie wir uns entscheiden. Zum Glück gibt's ja das Baumdiagramm!

Automatisierung sinnvoll?

2.9   Es wäre ein Fehler, keine Fehler zu machen

Die deutsche Fehlerkultur ist nicht gerade wettbewerbstauglich. Der Wirtschaftspsychologe Michael Frese analysiert schon seit vielen Jahrzehnten die Fehlertoleranz unseres Landes, und in einem Vergleich zwischen 61 Ländern sieht er Deutschland auf einem bedenklichen 60. Platz. Schlechter schnitt nur der reinliche Stadtstaat Singapur ab, wo man schon mit einem Bein im Knast steht, wenn einem versehentlich ein benutztes Taschentuch zu Boden fällt.[21] Falls ein singapurisches Regierungsmitglied mitliest: Ich finde eure reinliche Einstellung klasse!

Wer in unserem Land Fehler begeht, setzt sich mit großer Wahrscheinlichkeit dem Spott, der Verachtung, dem Mitleid oder zumindest der Frage aus, wie das denn hätte passieren können. Die retrospektive Schuldfrage ist sehr viel wichtiger für uns als die zukunftsorientierte Lösung. Fehler gelten als verpönt, unnötig und unsexy. Diese negative Einstellung ist schon bemerkenswert, denn wir alle haben uns doch durch Fehler weiterentwickelt. Man stelle sich nur mal ein Kleinkind vor, das seine ersten Schritte erlernt. Wie oft fliegt es auf die Nase, stößt sich die Birne oder landet ungewollt auf dem Allerwertesten, bevor es sicher läuft? Und selbst als Erwachsener stolpert man doch ab und zu über einen Bordstein oder seine eigenen Beine – insbesondere auf dem nächtlichen Heimweg und mit zwei Litern Hopfenbrause intus.

Demnach ist es unverständlich, warum für Unternehmer und Angestellte ein anderer Bewertungsmaßstab gelten sollte. Fehler machen das Leben erst interessant und sollten in Deutschland genauso salonfähig gemacht werden wie in den USA. Das können wir nur erreichen, indem wir regelmäßig Fehlergeschichten teilen, die in Unternehmer-kreisen auch *Fuckups* genannt werden – eben typisch amerikanisch. Wir wollen mit gutem Beispiel vorangehen und in diesem Abschnitt zwei Fehler mit dir teilen, einen von mir bei StudyHelp und einen von Christian als Immobilieninvestor.

Dans Fuckup

Bis vor kurzem dachte ich noch, dass wir zu früh zu viele Leute ein-stellten und dass das unser größter Fehler gewesen wäre. Mittlerweile bin ich überzeugt, dass es viel schlimmer war, die Einstellungskrite-rien nicht klar genug definiert zu haben. Das wäre aber nötig gewe-sen, damit neue Mitarbeiter überhaupt eine Vorstellung davon be-kommen hätten, was genau sie erwartet beziehungsweise was wir von ihnen erwarten. Vision, Mission und KPIs gab es zu diesem Zeit-punkt noch nicht, die sehr hilfreich dabei gewesen wären.

Gelernte Lektion

Heute kommunizieren wir klarer. Unsere Erwartungshaltung ist hoch, neue Mitarbeiter müssen sich am besten *sofort* lohnen. Wir spie-len mit offenen Karten gegenüber Bewerbern, sie wissen bereits im ersten Gespräch, worauf sie sich einlassen.

Außerdem sind wir heute viel vorsichtiger bei der Einstellung neuer Mitarbeiter. Wir gehen mit dem bestehenden Team lieber eine Weile auf dem Zahnfleisch, anstatt uns vorschnell für ein neues Team-mitglied zu entscheiden, das möglicherweise gar keine Hilfe wäre. Wie man den *Wachstumsschmerz* eine Weile ertragen kann, erfährst du im dritten Kapitel.

Christians Fuckup

Seit ein paar Jahren hat sich Christian auf den kurzfristigen Handel von Eigentumswohnungen und Einfamilienhäusern spezialisiert. Das Geschäftsmodell ist als *Fix & Flip* bekannt, was im Klartext bedeutet: Immobilien kaufen, renovieren und nach Möglichkeit wieder teurer verkaufen. Sehr simpel in der Theorie, doch tückisch in der Praxis.

Die erste Wohnung, die er kaufte, befand sich im dritten Stock (ohne Aufzug) und hatte keinen Balkon. Der Verkauf gestaltete sich schwierig – viele Interessenten lehnten später wegen dieser nicht erfüllten Kriterien ab. Obwohl er nach dieser Erkenntnis keine balkonlose Wohnung mehr kaufen wollte, wiederholte er den Fehler.

Aufgrund von zu wenigen Angeboten am Markt kaufte er erneut eine Wohnung ohne Balkon, die sich im späteren Verkauf wieder als sehr zäh erweisen sollte. Warum tappte er da hinein? Aus Frust und Alternativlosigkeit! Er redete sich das Investment schön, denn die Wohnung lag nun wenigstens im ersten und nicht im dritten Geschoss. Zusätzlich bequatschte ihn die Maklerin, er solle das Objekt kaufen, da sie es im renovierten Zustand zu einem viel höheren Preis verkaufen könnte. Es wäre schnell verdientes Geld, versprach sie! Wenn die beiden Wörter »schnell« und »Geld« in einem Satz vorkommen, sollten sämtliche Alarmglocken läuten. Denn das Risiko ist sehr groß, dass jemand gerade richtige Gülle erzählt.

Gelernte Lektion

Mach keinen Fehler zweimal, rechne dir Investments nicht schön und lass dich nicht von Interessengruppen bequatschen. Es gibt doch diese Weisheit: »Frag nie einen Frisör, ob du einen Haarschnitt nötig hättest.« Genauso wenig sollte man Makler fragen, ob ein Wohnungskauf eine gute Rendite verspricht. Das Bauchgefühl riet von dem Deal ab, aber die Maklerin lockte mit ihrer vermeintlichen Marktkenntnis. Sie war die Gewinnerin, denn sie kassierte sowohl beim Kauf als auch beim Verkauf ihre Provision. Der Verkauf dauerte lange und verursachte hohe laufende Kosten. Zum Glück gab es schließlich doch einen Käufer, aber der Gewinn fiel viel niedriger als erhofft aus.

Aus solchen Fehlern haben wir gelernt. Diese gewonnenen Erfahrungen haben uns für zukünftige Entscheidungen gewappnet. Das ist die Einstellung, die wir in Deutschland verbreiten möchten. Wenn du uns einen lehrreichen »Fuckup« erzählen möchtest, freuen wir uns auf deine E-Mail. Aber wehe, du schickst uns irgendeinen perversen Kram, weil du den Begriff zu wörtlich genommen hast!

Erzähl uns deinen Fuckup

2.10   Was man aus Gewinnspielen lernen kann

Erinnerst du dich an den privaten Fernsehsender 9Live, der mit seinen Quizsendungen gierige Zuschauer zu kostenpflichtigen Anrufen verführte? Auf den glücklichen Gewinner wartete meist ein Geldpreis, weshalb die Telefonleitungen regelmäßig glühten. Und tatsächlich hatten manche Quizze für naturwissenschaftlich Interessierte einen gewissen Charme. Die Zuschauer sollten beispielsweise nach »Tieren mit genau einem P im Namen« oder nach »Tieren mit dem Anfangsbuchstaben R« suchen. Hochmotiviert versuchten sie dann, sich ins Studio durchstellen zu lassen, um dann voller Stolz die »richtige« Lösung zu proklamieren. Und da das Internet in den frühen 2000er-Jahren noch lange nicht in der heutigen Informationsdichte zur Verfügung stand, und außerdem niemand ein allwissendes Smartphone besaß, konnte man beim Vorglühen mit Freunden ins Blaue raten. Nüchtern wäre das selbstverständlich schnell langweilig geworden.

Charakteristisch für die meisten Gewinnspiele war, dass zu Beginn sehr schnell mehrere Anrufer einen Gewinn einheimsten, weil sie ganz stolz »Ratte«, »Ringelnatter«, »Reiher« oder etwas ähnlich Simples nannten. Von zehn gesuchten Tieren war schnell die Hälfte aufgedeckt. Doch dann wurde es auf mysteriöse Weise anspruchsvoll. Niemand nannte nunmehr ein passendes Lösungswort. Eine Stunde später, nachdem sich gefühlt 50 Anrufer die Zähne an den verbliebenen, angeblich so einfachen Begriffen ausgebissen hatten, klärte die Moderation endlich auf: »So Leute, die Zeit ist leider abgelaufen, wir lösen jetzt auf. Welche Tiere mit dem Buchstaben R waren denn dabei? Aha, die *Rotgelbe Knotenameise*! Außerdem war da noch das

Riesenschuppentier. Und nicht zu vergessen der *Rapfen*! Also Leute, da hättet ihr aber wirklich draufkommen können; war ja kinderleicht!«

Wer zu diesem Zeitpunkt bereits ein paar Drinks intus hatte, der lief vor Lachen Gefahr sich einzunässen. Die Taktik des Senders leuchtete ein: Zunächst wurden kleinere Beträge gewonnen, anschließend wuchs und wuchs der Gewinntopf auf teils beträchtliche Summen an, der die Gier der Zuschauer immer weiter steigerte, nur leider gewann aufgrund der »kinderleichten« Lösungswörter dann niemand mehr. So verdiente der Sender sein Geld. Zumindest bis zum Jahr 2011, als er die Ausstrahlung einstellte. War wohl doch nicht so lukrativ? Oder die Smartphones haben am Ende alles kaputt gemacht!

Jetzt fragst du dich bestimmt, warum ich dir diesen fernsehhistorischen Einblick gegeben habe? Mit dem Beispiel wollte ich dein Logikverständnis anregen. Warum wird eine Aktion durchgeführt? Welche Mechanismen und Ziele verbergen sich dahinter? Das sind die Fragen, die sich interessierte Unternehmer stellen. Auch wenn sich über das Geschäftsmodell streiten lässt, so verfolgte 9Live mit seinen Gewinnspielen doch ein klares Ziel: Die Anrufer sollten stets weniger Geld gewinnen, als sie dem Sender in Form von Anrufgebühren einbrachten. Das ist offensichtlich. Doch nicht immer ist das Offensichtliche auf den ersten Blick erkennbar, manchmal muss man zweimal hinschauen. Mit deinem nun geschärften Gespür für logische Zusammenhänge wirst du das folgende Beispiel, ebenfalls aus dem Bereich *Gewinnspiele*, sehr gut nachvollziehen können.

Vor ein paar Jahren hatten wir die Idee, eine größere StudyHelp-Party für Studenten der Uni Paderborn zu geben. Die Party sollte nach einer intensiven Klausurphase unter dem Namen »Drink and Reset« stattfinden. Wir organisierten eine Location, die Platz für locker 300

Gäste bot, und starteten den Vorverkauf. Es lief unsagbar beschissen. Verschiedene Werbeaktionen in den sozialen Medien und die Mund-propaganda brachten uns läppische 30 Anmeldungen. Das lag zum Teil daran, dass sich der Termin unserer Party unerwartet mit dem einer Uniparty überschnitt, die sich parallel ankündigte. Wir liefen Gefahr, uns bis ins Mark zu blamieren, weshalb eine rasche Lösung hermusste.

Ich schlug ein Gewinnspiel bei Facebook vor, das uns aus der Mi-sere retten sollte. Unter den Teilnehmern wollte ich sechs Tickets und eine Flasche Wodka verlosen. Der Trick dahinter war, dass in Wahr-heit ALLE 50 Teilnehmer des Gewinnspiels ein Ticket gewinnen soll-ten. Das fand mein Team völlig bescheuert, mit so viel Menschenliebe konnten sie nicht umgehen. Darum weihte ich sie in meine Theorie ein: Niemand geht allein auf eine Party! Jeder glückliche Gewinner wird mindestens eine weitere Person dazu motivieren, ihn zu beglei-ten. Diese Begleitperson *kauft* dann ein Ticket. Das war die gewagte Hypothese, die zum Experiment freigegeben wurde. Aus meiner Sicht war das die einzige Chance, die Party noch zu retten, denn die Zeit spielte gegen uns. Selbst wenn uns die Nummer nur 50 zusätzliche Gäste eingebracht hätte und die Party insgesamt dennoch ein Minus-geschäft geblieben wäre, so hätten wir unsere Blamage zumindest ab-geschwächt. Viel zu verlieren gab es demnach nicht.

Interessanterweise führte das Gewinnspiel bereits im Vorverkauf zu 130 kostenpflichtigen Anmeldungen. Den restlichen Schub gab uns der Verkauf an der Abendkasse. Am Schluss knackten wir sogar die ursprünglich gewünschte Marke von 300 Gästen. Die Party war bre-chend voll und die Studenten und Studentinnen wurden ordentlich

»resettet«! Na, hast du die Logik und den Mechanismus hinter dieser Aktion erkannt? Ganz einfach:

1) Ohne das Gewinnspiel hätten wir sicher Geld verloren und einen Reputationsschaden erlitten. Wir waren zum Handeln gezwungen.

2) Die Ticketgewinner kamen glücklich zur Party und hatten aufgrund des kostenlosen Eintritts mehr Geld für Getränke übrig.

3) Alle Gewinner hinterließen ihre Kontaktdaten und konnten zu einem späteren Zeitpunkt kontaktiert werden. Das wirkte sich auf unseren Umsatz aus.

4) Das Gewinnspiel war demnach eine Investition, um Geld zu verdienen. Genauso wie bei 9Live.

Dieses Event sollte uns einschlägig klarmachen, wie wichtig es ist, den Zweck einer Aktion zu hinterfragen. Außerdem haben wir seitdem das Gewinnspiel als festes Marketinginstrument integriert. Es gibt immer wieder Meinungen, dass die Reichweite beim Marketing das Wichtigste ist. Aber was bringt die Reichweite, wenn keine Sau kauft? Wir wollen doch möglichst schnell ein messbares Ergebnis erzielen, oder nicht? Und da bieten sich Gewinnspiele an, mit denen die richtige Zielgruppe angesprochen wird. Zum Beispiel stellen wir uns im Kursgeschäft die Frage: Wer könnte Interesse an einem kostenlosen Uni-Crashkurs haben, und wo bewegt sich die Person? Bei Facebook wurden wir früher sehr gut fündig, zum Beispiel haben wir nach »Ersti-Gruppen« gesucht und diese dann beworben.

Aber wer mit Gewinnspielen hantiert, der sollte seine Gewinnschwelle exakt kennen. Bei unseren Kursen mussten wir wissen, wie viele kostenlose Teilnehmer wir verkraften würden, damit sich das Ganze noch lohnt. Manchmal liefen wir besser, indem wir geldwerte Gutscheine verlosten. Kostete ein Intensivkurs beispielsweise 150 Euro, war ein Gutschein im Wert von 100 Euro besser für uns. Der ließ sich dann vom Gewinner bei der Buchung eines Kurses einlösen. Sämtliche »Verlierer« erhielten von uns einen Trostpreis, zum Beispiel einen Gutschein im Wert von 10 Euro. Wie bereits erwähnt, schlägt mein Team hier regelmäßig die Hände über dem Kopf zusammen, doch ich stehe zu dieser Vorgehensweise. Wir verschenken das Geld nämlich nur scheinbar, denn in Wahrheit freut sich nicht nur der Gewinner des Trostpreises. Der Gewinn führt die Person in unseren Onlineshop, wo sie in vielen Fällen ein Produkt für einen weit höheren Preis erwirbt. Außerdem haben wir die Chance, dass uns die Person erneut besucht. Die Wiederkäuferrate ist das Reizvolle an der Geschichte, und so wird der Trostpreis auch zu unserer Freude.

Das machen viele große Unternehmen übrigens genauso. In der Reisebranche erhält man teils sehr lukrativ *erscheinende* Gutscheine. Die Veranstalter locken mit Rabatten im Wert von 250 Euro und mehr, die einlösbar sind, falls man in den nächsten zwei Wochen eine Reise im Wert von mindestens 3.000 Euro bucht. Diese Anrechnung von gut acht Prozent ist in der Reisekalkulation selbstverständlich berücksichtigt, auch wenn die Veranstalter dem Kunden gern das Gefühl vermitteln, sie würden bei dem Angebot drauflegen. Na ja, zu Corona-Zeiten stimmt das möglicherweise.

2.11 Erfolg ist nicht sexy, sondern langweilig

Würdest du Konzerne als agil, sexy und voller frischer Energie beschreiben? Falls du das bejahst, haben wir beide definitiv unterschiedliche Vorstellungen von Konzernen. Meines Erachtens sind sie nämlich eher starr und langweilig. Aber das ist nicht unbedingt schlecht, denn um so groß werden zu können, haben sie über die Jahre wirtschaftlich einiges richtig gemacht.

Betrachten wir den amerikanischen Konzern *PepsiCo, Inc.* Im Jahr 2020 erwirtschaftete das Unternehmen einen Umsatz von gut 70 Milliarden und einen Jahresüberschuss von mehr als 7 Milliarden US-Dollar.[22] Das sind doch prickelnde Zahlen für einen Hersteller prickelnder Getränke. Es lässt sich vielleicht über die Inhaltsstoffe streiten, aber sicher nicht über den Erfolg von PepsiCo. Würdest du das Unternehmen nun als *sexy, modern* oder eher *traditionell, langweilig* beschreiben?

Zugegeben, die Werbungen sind legendär und strotzen vor Ideenreichtum und Coolness. Zum Beispiel die aus den 80ern, in der *Michael Jackson* tanzende Kinder zur »Pepsi Generation« erklärt. Das Ganze ist als Hommage auf »Thriller« dermaßen geil abgeliefert, dass es so zeitlos wie die rote Lederjacke rüberkommt, die der kleine Tänzer *Alfonso Ribeiro* trägt. Den kennst du nicht? Er spielte später die Rolle des *Carlton Bank*s in der Serie »Der Prinz von Bel-Air«. Das ist der Cousin von *Will Smith*, der für die Serie seine rote Lederjacke aus der Pepsi-Werbung gegen einen Stock im Arsch getauscht hat.

Und dann wäre da noch die Werbung mit den drei Gladiatorinnen *Britney Spears*, *Pink* und *Beyoncé*, die es in einer römischen Arena vor den Augen des Herrschers (*Enrique Iglesias*) vorziehen, »We Will Rock

You« anzustimmen und anschließend eine kühle Pepsi zu trinken, anstatt sich gegenseitig die Köpfe einzuschlagen. Eine vernünftige Alternative, dem wird jeder Zuschauer beipflichten.

Ja, die Werbungen sind durchaus innovativ, phantasievoll und offensichtlich teuer. Ein starker Kontrast zu den doch eher einfachen Produkten, der allein schon Erwähnung verdient. Denn der Konzern ist vor allem seinem Kassenschlager treu geblieben: der guten alten Pepsi. Sie wurde zwar durch zahlreiche Variationen erweitert – zum Beispiel, weil sich der zuckerbewusste Konsument von heute lieber synthetische Süßstoffe in den Hals kippt. Und natürlich wurden die Logos immer wieder angepasst. Aber die Grundidee blieb unverändert! Irgendwie langweilig, oder? Mag sein, aber auch ungeheuer erfolgreich.

Wenn mich jemand vor fünf Jahren fragte, was das Ziel von StudyHelp sei, antwortete ich regelmäßig: »Wir wollen mit einem breiten Angebot die Welt erobern und müssen daher möglichst schnell ins Ausland expandieren!« Heute antworte ich: »Wir wollen unsere bestehenden Produkte und Dienstleistungen besser, geiler und schneller machen. Ach ja: und mehr davon verkaufen!« Mir ist nämlich eine wichtige Sache klar geworden: Wenn du weißt, wie du Erfolge erzielst, verstummen deine Schreie, die Welt erobern zu wollen. Dein Business spricht für sich, und die Leute spüren das.

Und dennoch war unser anfängliches Vorgehen nicht falsch: Wir benötigten damals einen Welteroberungsplan, den wir unseren Investoren vorlegen konnten. Wir mussten ihnen die Welt in Aussicht stellen, um erhört zu werden und Kapital zu beschaffen. Dieses Vorgehen kommt dir doch sicher bekannt vor. Viele Startups erzählen in ihren Pitches die krassesten Storys, dass sie auf fünf neue Geschäftsbereiche setzen und damit zügig in über zehn Ländern expandieren wollen. Dass sie gerade den innovativsten Shit auf Erden entwickeln – am besten fallen wichtige Begriffe wie *Virtual Reality*, *Krypto* oder *SaaS (Software as a Service)*. Und dass ihr Umsatz in zwei Jahren im zweistelligen Millionenbereich liegen wird. Solche Übertreibungen sind normal, denn Startups sind von der Aufmerksamkeit abhängig. Für uns galt das genauso.

Heute sind wir viel ruhiger geworden, die Ausrichtung auf unsere »langweiligen« Geschäftsbereiche erscheint uns klüger. Aus dieser veränderten Sichtweise resultiert gelegentlich eine Kommunikationsaufgabe. Denn: Dem *Innovationsdrang* zu widerstehen und stattdessen die bestehenden Produkte optimieren zu wollen, hört sich in den Ohren von Investoren, Mitarbeitern und Partnern nicht gerade sexy an. Sie müssen von dieser Entscheidung überzeugt werden. Das gelingt am besten mithilfe unserer KPIs, weil sich darin unser Erfolg widerspiegelt. Sie verdeutlichen schnell allen Beteiligten, dass der eingeschlagene Weg der richtige ist. Und falls das alles nichts hilft, und wir uns mal wieder langweiliger als ein alkoholfreier Bingo-Abend vorkommen, ziehen wir uns einfach Lederjacken an und spielen die Pepsi-Werbung nach.

Pepsi-Werbung mit
Michael Jackson

Pepsi-Werbung mit
Pink, Britney und Beyoncé

2.12 Lieber Gruß von der Finanzbehörde

Es soll Unternehmer mit der steuerparadiesischen Vorstellung geben, sie könnten weit unterhalb vom Radar der Finanzbehörde fliegen, sodass ihr Bruttogewinn am Ende ihr Nettogewinn bleibt. Tatsächlich klingt das paradiesisch, aber Paradiese gibt's halt nur im Märchen. Schon viele Menschen haben Zank mit dem Finanzamt angefangen, aber das Resultat war immer das Gleiche: Irgendwann flossen die Steuern an den Staat, während in der Unternehmerkasse nichts als Wüste zurückgelassen wurde. Auf ein unverhofftes Vergnügen mit dem Finanzamt hat niemand Lust, deswegen sollten wir unbedingt damit rechnen.

Angestellte regen sich zwar jeden Monat über die große Differenz zwischen Brutto und Netto auf, dass der Staat sie ausbeute und dass sie mehr als ein halbes Jahr nur für ihn buckeln würden, bevor sie endlich in die eigene Tasche wirtschaften. Dabei übersehen sie aber einen entscheidenden Vorteil, den sie gegenüber Unternehmern haben: Sie zahlen ihre Steuern von vornherein automatisch! Unternehmer genießen (zunächst) deutlich mehr Freiheit in ihrer Kapitalflussgestaltung, und da ist die Versuchung groß, ein prall gefülltes Konto zu »materialisieren« und den Überschuss in Autos, Kleidung, Schmuck oder sonstige Serotonine anzulegen. Doch früher oder später legt sich das Finanzamt mit ihnen an. Steuern haben einen großen Einfluss auf den Cashflow, der den Serotoninspiegel schnell sinken lassen kann.

Das muss noch nicht mal vorsätzlich geschehen, manchmal rechnet man einfach nicht mit bestimmten Steuerausgaben. Wie du bereits weißt, hat StudyHelp früher sehr viel Geld in Facebook-Werbung investiert. Dafür schrieb uns der liebe Mark Z. immer eine Rechnung, auf der keine Umsatzsteuer ausgewiesen war. Die deutsche Finanzbehörde sieht für Transaktionen dieser Art, wenn ein deutsches Unternehmen eine Rechnung von einem ausländischen erhält, das *Reverse-Charge-Verfahren* vor. Das bedeutet, die ausländische Firma weist auf der Rechnung keine Umsatzsteuer aus, stattdessen wird sie vom deutschen Rechnungsempfänger aufgeschlagen und als Gesamtbetrag ans Finanzamt gemeldet. Sofern der deutsche Unternehmer *vorsteuerabzugsfähig* ist, kann er denselben Betrag als Vorsteuer abziehen und sich somit die gezahlte Umsatzsteuer zurückholen.[23]

Wenn man allerdings vergisst, die Umsatzsteuer aufzuschlagen, wird man irgendwann von einer saftigen Steuernachzahlung überrascht, in unserem Fall von 20.000 Euro. »Wer kann schon damit rechnen, dass da noch Steuern draufkommen?«, dachten wir Laien uns so. »Außerdem müsse Facebook einem doch sowas mitteilen, oder?« Ein kleiner Verdacht war zwar immer dagewesen, dass in Anspruch genommene ausländische Leistungen anders besteuert werden als inländische. Aber jedes Mal, wenn der Gedanke kurz aufkeimte, dachte ich mir: »Das ist ein Fall für ›Zukunfts-Dan‹. Dieser fortschrittliche Typ wird das Problem schon irgendwie lösen.«

Leider konnten wir uns diese 20.000 Euro nicht über die Vorsteuer zurückerstatten lassen, weil unsere damals überwiegend angebotene Leistung – das Kursgeschäft – umsatzsteuerbefreit ist. Eine kundenseitig gezahlte Umsatzsteuer ist aber Voraussetzung dafür, vorsteuerabzugsfähig zu sein. Was war der »Zukunfts-Dan« da enttäuscht vom laienhaften »Vergangenheits-Dan«, als er das erfuhr. Letzterer konnte von Glück reden, dass es noch keine Zeitmaschinen gab, sonst hätte er sich was anhören dürfen. Aber vermutlich hätten sie einfach nur herzhaft über den Lapsus gelacht, denn glücklicherweise konnte der »Zukunfts-Dan« das Problem schnell lösen.

Doch selbst wenn man damit rechnet, kann es brenzlig werden. Ein befreundeter Makler aus Frankfurt erzählte, dass seine GmbH bereits im ersten Geschäftsjahr einen sehr attraktiven Gewinn von über 100.000 Euro verzeichnete. Von diesem saftigen Kuchen wollte das Finanzamt natürlich die gewohnten circa 35 % abhaben, zuzüglich einer Vorauszahlung für das Folgejahr in selbiger Höhe. Das Finanzamt ist in dieser Hinsicht nämlich sehr optimistisch, es geht von einem mindestens gleichhohen Gewinn im Folgejahr aus. Es ist doch schön, wenn der Staat an das Geschäftsmodell und die Stärke des Unternehmers glaubt. Nicht so schön war der brutale Umsatzeinbruch im zweiten Jahr, kurz nachdem die Steuervorauszahlung floss. Der Makler kam ins Schwitzen, denn zum einen waren die Reserven so langsam erschöpft, zum anderen waren die Kunden plötzlich spurlos verschwunden. Zum Glück konnte er sich mit extremer Vertriebskraft aus dieser heiklen Situation retten, aber in solchen Situationen sollen schon Unternehmer auf der Strecke geblieben sein.

Immer wenn ich über Steuern nachdenke, fällt mir diese Binsenweisheit ein: »Unwissenheit schützt vor Strafe nicht.« Zumindest nicht vor Forderungen seitens des Finanzamts, so viel ist sicher. Solchen Situationen kannst du nur vorbeugen, indem du rechtzeitig Geld beiseiteschaffst und es als *Du-kommst aus-dem-Finanzamt-frei-Karte* betrachtest. Du willst dir ja schließlich keinen Ärger mit deinem zukünftigen Ich einhandeln, oder?

Kapitel 3: Umsatz kommt von Umsetzen

»Es ist besser, unvollkommene Entscheidungen durchzuführen, als beständig nach vollkommenen Entscheidungen zu suchen, die es niemals geben wird.«[24]

Charles de Gaulle (1890-1970)

»Was man lernen muss, um es zu tun, das lernt man, indem man es tut. So wird man Baumeister dadurch, dass man baut, und Kitharaspieler dadurch, dass man spielt.«[25]

Aristoteles (384-322 v. Chr.)

Auch ehemalige französische Politiker und antike griechische Philosophen wussten schon, dass man sich an einem gewissen Punkt von der Theorie in die Praxis begeben muss. Eine Kithara ist übrigens ein altes Saiteninstrument, das in kultivierter Umgebung zu besonderen Anlässen gespielt wurde. Die Gitarre leitet sich sprachlich von diesem Wort ab.

Um Musik soll es in diesem Kapitel aber nicht gehen, sondern darum, wie du Musik in die Umsetzung bekommst. Dabei werden wir uns mit der Zeit beschäftigen. Sie ist die wichtigste Ressource überhaupt und ein universeller Gleichmacher. Jeder versteht es, ihr untergeordnet zu sein, aber nicht jeder versteht die Konsequenzen einer schlechten Zeitplanung.

Uns werden folgende Fragen beschäftigen: Wie organisiere ich meinen Tagesablauf möglichst effizient? Was kann ich geringfügig an meinem Alltagsverhalten anpassen, das große Wirkung entfaltet?

Warum sollte ich spontane Anrufe nicht entgegennehmen? Welche Systeme können mir bei der Strukturierung und Umsetzung meiner Ziele helfen? Welche Vertriebs- und Marketingaktionen erzielen schnelle Ergebnisse? Was haben Frösche mit schwierigen Aufgaben zu tun? Und welch faszinierendes Wesen ist dieses Momentum? Die Antworten auf diese Fragen dürften teilweise überraschend sein.

3.1   Die Macht der kleinen Schritte

Irgendwo in Deutschland gibt es einen Keller, in dem sich über die letzten zehn Jahre einiges an Schrott angesammelt hat. Das soll ja schon mal vorkommen. Jeder dort deponierte Gegenstand, für den es in den letzten fünf bis fünfzig Jahren keine Verwendung mehr gab, landete irgendwann zunächst in der klassischen Rumpelecke, die es in jeder Wohnung und in jedem Haus gibt. In aller Regel befinden sich dort auch leere Batterien, ausgetrocknete Kugelschreiber, CDs, 10 Jahre alte Laptops, 50 Paar aussortierte Schuhe, kaputte Luftpumpen, Geburtstagsgrußkarten und natürlich jede Menge nützlicher Dekomüll wie Holzosterhasen, Teelichtständer oder skandinavische Vasen. Bis der Gegenstand leider selbst für diese, an sich schon sehr unnötige Ecke zu veraltet oder nutzlos gewesen war und infolgedessen aus dem Sichtbereich in den dunklen Keller verdammt wurde.

Natürlich lagern da unten auch Sachen, die durchaus bewahrungswürdig sind. Werkzeuge, Fahrräder, Autoreifen, Holzlasur, Tapetenlöser, Wagenheber und so weiter. Nun gibt es im Haushalt meist eine Person, die irgendwann so viel Druck macht, da unten endlich Klarschiff zu machen, dass man sich an einem freien Samstag vor einer kaum zu bewältigenden Aufgabe wiederfindet, und zwar den Schrott von den bewahrungswürdigen Sachen zu trennen und ihn bestenfalls noch am selben Tag auf dem örtlichen Wertstoffhof zu entsorgen. Ein wahrer Wochenendtraum für jeden. »Wo fängt man bloß an?«, lautet die vermeintlich wichtigste Frage. Spätestens wenn wir vom Geruch des in der Lagerkiste ausgelaufenen Terpentins angewidert sind, ist der Rückzug gewiss.

Diese Kellersituation ist ein klassisches Problem, mit dem wir uns regelmäßig konfrontiert sehen. Die vielen Teilaufgaben, die aus der großen Aufgabe »Schrott von Wichtigem trennen« resultieren, werden als völlige Überforderung wahrgenommen. Dem Unterfangen fehlt die Vision, dass sich ein scheinbar weit entferntes Ziel schrittweise erreichen lässt. Jede auch noch so kleine und lästige Teilaufgabe leistet nämlich einen Beitrag zum großen Ganzen, insofern sie darauf ausgerichtet ist. Überhaupt anzufangen ist demnach viel wichtiger als die Frage, mit was angefangen werden sollte.

In Unternehmen ist das Problem ebenso vorhanden, wenn auch anders ausgeprägt. Regelmäßig fällt mir auf, dass Mitarbeitern manchmal die Vorstellungskraft fehlt, wenn es um die Wirkung scheinbar wirkungsloser Aufgaben geht. Beispielsweise ärgerte sich jemand aus meinem Team, ein Vertriebstool programmieren zu müssen, was ihn zwei Tage harte Arbeit gekostet hat. Das Resultat ist dir aus Abschnitt 2.8 bekannt, es war ein zusätzlicher Tagesumsatz von 200 Euro. Und obwohl unser Mitarbeiter im Vorhinein davon überzeugt war, dass die Programmierarbeit diesen Umsatz einbringen würde, erschien ihm die Aktion unnötig. Also bat ich ihn, den Effekt aufs Jahr hochzurechnen. 200 Euro am Tag mögen im ersten Moment wenig klingen, 72.000 Euro im Jahr hören sich hingegen schon deutlich attraktiver an. Das sah er zwar auch so, bewertete die Aktion aber dennoch als nicht wirklich aussichtsreich. Das seien ja gerade mal 2 % des Jahresumsatzes. Ja eben! 2 % mehr Jahresumsatz durch zwei Tage Programmierarbeit. Das ist doch der Wahnsinn, oder? Unglaublich, dass er das nicht genauso geil finden konnte wie ich. Immerhin würden 50 solcher Aktionen – 100 Tage Arbeit – unseren Umsatz verdoppeln. Zumindest theoretisch.

50 Aktionen klingen erst mal abschreckend, aber sie lassen sich *schrittweise* erreichen. Hinter jedem großen finanziellen Ziel steckt einfach nur eine Rechenaufgabe. Das mag simpel, ja fast schon überflüssig klingen, aber wenn es so simpel und überflüssig ist, warum wird es dann so häufig ignoriert?

Ich gebe dir ein weiteres Beispiel: Vor ein paar Monaten brachten wir mehrere E-Books heraus, die uns jeweils einen Umsatz von 20 € pro Tag einbringen. Von diesen E-Books veröffentlichten wir zusätzlich kürzere Versionen, sozusagen Mini-E-Books. Die bringen uns nochmals 10 Euro pro Stück und Tag ein. Mit dieser Vorgehensweise haben wir sehr gute Erfahrungen gemacht, denn so lässt sich ein Buch in viele kleinere Versionen aufgliedern. Manche Leser interessiert eben nur ein Teilbereich der Mathematik, der Chemie und so weiter, sie brauchen nicht das ganze Buch. Für dieses Spezialisierungsprodukt sind sie sogar bereit, einen verhältnismäßig höheren Preis zu zahlen. Wenn wir diese E-Books nun zusätzlich auf bisher nicht berücksichtigten Vertriebsplattformen wie *Lehrermarktplatz* und *Netzwerk Lernen* anbieten, wirkt sich das nochmal positiv auf unseren Umsatz aus. Es ist ein weiterer kleiner Schritt auf dem Weg zur Verdopplung des Umsatzes.

Trotzdem musste ich unsere Mitarbeiter von der Sinnhaftigkeit dieser Aktionen überzeugen, weil dabei in ihren Augen viel zu wenig rumkommt. Logisch, einen richtig fetten Coup zu landen, macht mehr Freude. Aber das kommt leider zu selten vor, als dass man damit rechnen könnte. Und die Frage ist auch, ob man sich überhaupt davon abhängig machen sollte. Es kann nämlich sehr schmerzhaft sein, wenn ein großes Geschäft oder ein großer Partner wegbricht. Das kann man bei Fußballvereinen beobachten, die plötzlich einen großen Sponsor verlieren. Dieses finanzielle Loch kann durch viele kleinere Sponsoren so schnell nicht gestopft werden. Die Akquisition würde schlichtweg zu lange dauern. Wären die Vereine umgekehrt vorgegangen, und hätten von vornherein auf viele kleinere Sponsoren gesetzt, wären sie nicht in diese missliche Lage geraten.

Aber nicht nur der Umsatz lässt sich schrittweise erhöhen, sondern genauso die Kosten reduzieren. Unser Mitarbeiter aus der Finanzabteilung hat die Aufgabe, jede Woche eine *Sparmaßnahme* umzusetzen, die aufs Jahr gesehen 500 Euro einspart. Das klappt natürlich nicht jede Woche, aber allein die Zielsetzung hilft ihm bei der Suche nach kleinen Einsparungen. Erst kürzlich hat er ein sinnloses Abo für eine Marketingsoftware gekündigt, die wir schon lange nicht mehr benutzen. Die Kündigung dauerte gerade mal drei Minuten und hat uns eine Ersparnis von 240 Euro pro Jahr eingebracht. Das ist ein Stundenlohn von 4.800 Euro. In Worten: Viertausendachthundert! Für diesen Stundenlohn würde ich gern hauptberuflich Abonnements kündigen. Bei der Vielzahl von Abo-Fallen gibt's den Job vielleicht wirklich irgendwann. »Und was machst du so beruflich?« – »Ich kündige Abos für Firmen.« – »Cooler Job!«

Solche Einsparoptionen gibt es in jedem Unternehmen, man muss nur bereit sein, danach zu suchen. Die Abo-Kündigung war ein Schritt getreu unserem Motto »AIG: Alles immer geiler«. Ob ein zugemüllter Keller auch immer geiler werden sollte, muss jeder selbst bewerten. Jedenfalls sind kleine Schritte sehr schwer durchzuführen, wenn sich in dem Chaos überhaupt kein Schritt machen lässt, ohne dass man über die alte Trittschalldämmung stolpert oder versehentlich Terpentin verschüttet. Aber wer bin ich, dass ich meine eigene Methode in Frage stelle?

3.2 Bei uns sind alle kleine Eisenhowers

Christian hat mir vor kurzem von einer prekären Situation berichtet, in der er sich letztes Jahr auf hoher See befand. Gemeinsam mit zehn Touristen war er für zwei Stunden mit einem Speedboat unterwegs und erlebte eine Art *marines Sightseeing* der imposanten Bauwerke Dubais, bei vergleichsweise hoher Geschwindigkeit. Die Fahrt soll eine Stunde lang herrlich gewesen sein, bis er plötzlich ein Signal von seiner Blase empfing. Anfangs redete er sich noch ein, das Problem sei beherrschbar und das Boot außerdem in einer Stunde wieder im Hafen. Das stehe er schon irgendwie durch. Doch es wurde kritischer und kritischer. Jede Welle wurde zum Feind erklärt, davon gab es bei 80 Kilometern pro Stunde einige, und jeder Stopp, bei dem die Passagiere Sehenswürdigkeiten wie das *Burj al Arab* fotografieren durften, war eine lästige Unterbrechung. Seine Konzentration richtete sich einzig und allein auf dieses eine Grundbedürfnis. Es existierte sogar schon ein Notfallplan, bei voller Fahrt vom Heck zu urinieren. Vom Bug wäre auch eher eine schlechte Idee gewesen. Dann endlich, als das Boot nach einer gefühlten Ewigkeit wieder in der Dubai Marina andockte, sprintete er wie von der Tarantel gestochen von Bord und suchte eine Toilette an den Docks auf. Dieser Moment der Erleichterung …

Diese Situation kann wohl jeder nachempfinden. Das natürliche Bedürfnis war so dringend, dass alles andere unwichtig erschien. Oder war es so wichtig, dass alles andere nicht dringend erschien? War die Situation jetzt *dringend, wichtig* oder *beides*?

Dringend: Wenn etwas *dringt,* dann möchte es »sich einen Weg verschaffen«. Das Verb wird auch mit den Begriffen »verlangen« oder

»bestürmen« umschrieben. Und wenn etwas *dringend* ist, können auch die Synonyme »eilig« und »wichtig« herhalten.[26]

Wichtig: Ist etwas hingegen *wichtig,* so kann es auch mit »schwerwiegend«, »bedeutungsvoll« und »wesentlich« umschrieben werden. Ursprünglich bezog sich das Wort also auf das Ge-*wicht* von etwas. Daher wahrscheinlich auch die Redensrat, dass überzeugende Worte Gewicht haben.[27]

Tja, was trifft jetzt auf die Situation im Boot zu? Unbestreitbar wollte sich da etwas einen Weg verschaffen. Und wesentlich, bedeutungsvoll und wichtig war es in der Situation wohl auch. Das ist verwirrend, daher benötigen wir eine zweite Meinung.

Der amerikanische Präsident Dwight D. Eisenhower ist für folgende Weisheit bekannt: »What is important is seldom urgent, and what is urgent is seldom important.«[28] Also: »Wichtiges ist selten dringend und Dringendes selten wichtig.«

Auch heute noch erfreut sich die nach ihm benannte *Eisenhower-Matrix* großer Beliebtheit, mit deren Hilfe Aufgaben nach ihrer *Dringlichkeit* und *Wichtigkeit* sortiert werden können. Über 4 Millionen Ergebnisse erhält man von Google hierzu. Diese Beliebtheit ist gut nachvollziehbar, denn im Zeitalter digitaler Ablenkung ist die Zeiteffizienz wichtiger denn je. Es ist umstritten, ob Eisenhower höchstpersönlich die Matrix entwickelte, aber wer auch immer es war, hatte eine einleuchtende Idee zur Unterscheidung von dringenden und wichtigen Aufgaben.

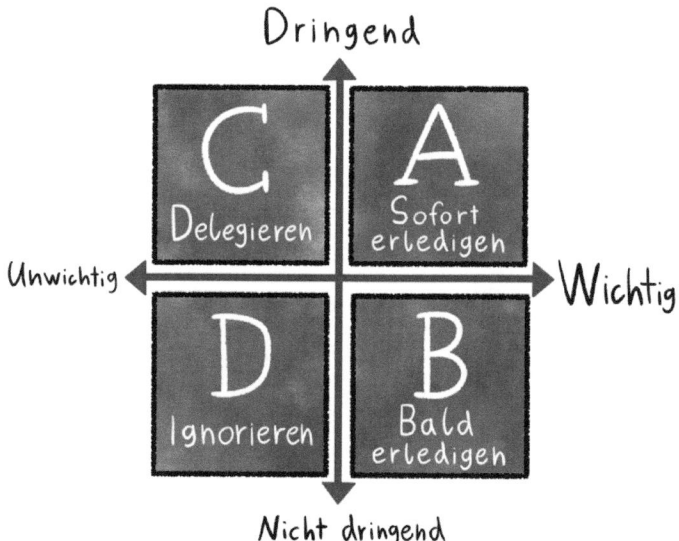

Dringend sind Aufgaben dann, wenn sie deine *sofortige* Aufmerksamkeit erfordern. Das kann ein wütender Anruf eines Kunden, eine E-Mail des Chefs oder ein Anruf eines Familienmitglieds sein, das deine unmittelbare Hilfe bei der Bewältigung eines Problems benötigt. Offensichtlich *drängt* dich jemand, etwas zu tun. Wer dem Drang nicht nachgibt, riskiert Konsequenzen.

Wichtig sind hingegen jene Aufgaben, die einen *langfristigen* Nutzen stiften. Vielleicht willst du finanziell frei sein, körperlich fit werden oder dich zum Arzt ausbilden lassen. Diese Ziele lassen sich nicht über Nacht erreichen. Neben persönlichen können auch fremde Ziele wichtig sein, beispielsweise tritt ein Angestellter für die Interessen seines Arbeitgebers ein und versucht dessen Ziele zu erreichen.

Thank you *Mr. Eisenhower*; jetzt ist das Bild klarer! Doch selbst mit diesem Wissen ist es noch immer nicht einfach, sämtliche anfallenden Aufgaben den vier Quadranten zuzuordnen. Vor allem, weil die Matrix von der regelmäßigen Anpassung lebt und sich die Prioritäten des Unternehmens verändern können. Deshalb habe ich die Eisenhower-Matrix etwas getunt und zur *Weiner'schen Matrix* weiterentwickelt, deren Achsen je nach Phase des Unternehmens angepasst werden können. Aktuell steht Profit bei uns an oberster Stelle:

Mitarbeiter haben es mithilfe dieser kleinen Anpassung leichter, die richtige Einordnung zu wählen. Ich kann mir vorstellen, was du jetzt denkst: »Man, ist der geldgeil. Bei dem geht's nur um die Kohle.« Stimmt, dazu stehe ich auch. Wenn dein Startup überleben soll, wirst du deine Konzentration nun einmal auf die Zahlen richten und unnötige Aufgaben vermeiden müssen. Schließlich möchte ich nicht wieder Mitarbeiter entlassen müssen, weil wir vergessen, Geld zu verdienen. Stell dir vor, ein Mitarbeiter lässt sich eine Stunde lang von einem Verkäufer aufhalten, der ein vermeintlich wichtiges und dringendes Anliegen hat. Für ihn mag das sicher stimmen, weil er Umsatz generieren möchte. Aber gilt das auch für dein Unternehmen? Der Anruf ist dann weder wichtig noch dringend, wenn dir das angebotene Produkt überhaupt nichts bringt. Dann sollte die Person auch möglichst schnell, aber freundlich abgewimmelt werden, damit du dich wichtigeren Aufgaben widmen kannst.

Selbst »Kunden« können manchmal zum Zeitfresser werden. Gestern rief ein Lehrer an, dem wir vor Jahren einige Mathelernhefte schenkten. Er sagte, die Hefte seien so toll und hätten seinen Schülern damals sehr geholfen, um sich auf die Klassenarbeiten vorzubereiten. Kürzlich habe er gesehen, dass wir eine neue Auflage herausgebracht haben. Du kannst dir denken, wohin das führte. Genau, er interessierte sich erneut für einige kostenlose Exemplare. Solche Telefonate können sich in die Länge ziehen. Ich musste ihm freundlich zu verstehen geben, dass wir kein karitativer Verein seien und dass er die Hefte doch bitte in unserem Onlineshop bestellen solle. Immerhin seien die Hefte doch »so toll«, von der Qualität mussten wir ihn also nicht mehr überzeugen. Und bei einem Preis von 15 Euro pro Stück wäre er vermutlich auch nicht sofort überschuldet. Ich meine, irgendwann reicht's auch mit den kostenlosen Dreingaben. Trotzdem sagte mir mein Gefühl, dass er die Hefte nicht kaufen würde.

Nehmen wir an, die Verteilung der Aufgaben würde irgendwann bei jedem Mitarbeiter aus der hohlen Hand funktionieren, und sie würden automatisch erkennen, was A und was D ist. Dann bliebe da immer noch eine Frage: Was kann unternommen werden, wenn die vier Felder vor Aufgaben überquellen? Woher weiß ich, welche Aufgabe die höchste Priorität innerhalb eines Feldes hat? In unserem Verlagsgeschäft gibt es zeitweise 100 parallele To-dos, eine einfache Zuweisung der Felder reicht da nicht mehr aus. Deshalb haben wir zudem eine Skala von 1-10 eingeführt. Es geht dabei mehr um eine Tendenz und weniger um eine sture Zahlenzuweisung. A10 ist wichtiger als A1, A1 wiederum wichtiger als B10 und so weiter.

So, jetzt können wir endlich die Situation im Speedboat bewerten: Sie erhielt wahrscheinlich die Zuordnung C10. Denn die Aufgabe war dringend, weil eine höhere Gewalt zur Freigabe drängte, trotzdem schien der Aufgabeninhalt langfristig unwichtig, da kein Profit in Sicht war. Obwohl durchaus die Frage berechtigt ist, inwiefern Christian mit einem Blasenriss noch von gewinnbringender Bedeutung gewesen wäre. Also doch A10? Ach, keine Ahnung. In jedem Fall bewies die Situation, dass sich nicht alles Dringende delegieren lässt und dass es Orte gibt, zu denen jeder zu Fuß hingeht. Oder in diesem Fall: hinrennt.

Eisenhower-Matrix

Weiner'sche Matrix

3.3   Die gute Fee und die Kröte

Heute ist dein Glückstag, denn dir begegnet eine gute Fee. Du hast gerade das Haus verlassen, da erscheint sie urplötzlich vor dir. Sie hat eine zierliche Gestalt mit schmetterlingshaften Flügeln, die mit der Frequenz eines Kolibris schlagen. Und sie trägt ein hübsches goldenes Krönchen auf ihrem blonden Schopf. Mit einem kleinen Zauberstaub wedelt sie vor deiner Nase herum, als sie dich mit einem herzlichen »Hallo« begrüßt. Ihre Stimme ist wohlklingend und ihr Duft auf undefinierbare Weise anziehend. Wie versteinert starrst du sie mit offenem Mund an, während du eine Mischung aus Glück, Furcht und Neugier verspürst. Ungläubig blickst du nach links und rechts, um sicherzustellen, dass du nicht träumst. Immerhin könnte dich etwas am Kopf getroffen haben und du infolgedessen halluzinieren: »Ist mir gerade ein Dachziegel auf die Birne gedonnert?« Nein, die Fee ist real.

Sie sagt, sie beobachte dich schon länger durch ein Teleskop aus einer fernen Galaxie. Angeblich würdest du dich stärker als jeder andere nach etwas ganz Bestimmten sehnen, und sie wolle dir nun diesen langersehnten Wunsch erfüllen. Deine positive Energie finde sie faszinierend, nur deshalb habe sie dich aufgesucht. Das klingt zwar alles ganz schön verschroben, aber du bleibst offen und neugierig.

Da wäre nur noch eine klitzekleine Bedingung, sagt sie. Du müssest vorher eine einfache Aufgabe erfüllen, die darin besteht, drei Leckereien zu vernaschen. Das Funkeln in deinen Augen wird immer leuchtender. Die Fee stellt ein silbernes Tablett vor dich auf den Boden und sagt: »Iss, und dein größter Wunsch werde wahr!« Plötzlich bist du verwirrt. Auf dem Silbertablett liegen gar nicht *drei* Leckereien, sondern nur *zwei* – eine Schokoladenpraline und eine Baumkuchen-spitze. Zugegeben, die sehen köstlich aus.

Die dritte »Leckerei« aber ist eine fette intergalaktische Kröte. Fet-ter als alle anderen, die du je zuvor gesehen hast. Und nein, sie besteht nicht aus Schokolade oder Glukosesirup. Offensichtlich handelt es sich um eine sadistische »gute« Fee – und um eine intergalaktische Voyeurin obendrein –, die dich leiden sehen will, bevor sie dir etwas Gutes tut. Welch perfides Spiel. Das Funkeln in deinen Augen ist längst verflogen und in jene der Fee gewandert. Sie grinst dich hä-misch an, doch trotzdem glaubst du ihr. Du spürst, dass sie ihr Wort halten wird, wenn du die Aufgabe erfüllst. Außerdem würdest du eine solche Chance doch nicht ungenutzt lassen, selbst wenn die Ge-fahr bestünde, dass sie dich verarschen wollte. Oder? Also machst du dich ans Naschwerk. Moment, eine Frage wäre da noch: Was isst du zuerst?

Den Vegetariern zuliebe unterbrechen wir die Geschichte hier. Stellen wir uns stattdessen vor, diese drei Leckereien wären Aufga-ben, die du an einem Tag abarbeiten müsstest. Zwei von ihnen sind sehr angenehm und schnell zu erledigen, die dritte ist hingegen lang-wierig und lästig. Eben eine dicke fette Kröte, die man schlucken muss. Welche davon würdest du zuerst erledigen?

Der Autor Brian Tracy hat in seinem Buch »Eat That Frog: 21 Wege, wie Sie in weniger Zeit mehr erreichen« darauf eine klare Antwort: Man sollte morgens immer mit der schlimmsten und langwierigsten aller Aufgaben beginnen. Meistens sind diese Aufgaben wichtig, drin-gend und nur schwer zu delegieren. Sie müssen vom Tisch, weil sie uns unterbewusst belasten, wenn sie nicht abgearbeitet sind. Doch meistens handeln wir genau umgekehrt: Wir bearbeiten zuerst die einfachen Aufgaben – die Pralinen und Baumkuchenspitzen –, weil hier schneller Fortschritte zu erkennen sind, und schieben die lästige Kröte vor uns her. Irgendwann nachmittags um 16:00 Uhr starten wir schließlich damit, sie zu erledigen. Doch die Zeit reicht dann oft nicht mehr. Außerdem ist die Konzentration jetzt im Keller. Infolgedessen liegt das glitschige Viech am nächsten Morgen wieder auf unserem Schreibtisch und blickt uns dämlich an. Ohne Selbstdisziplin beginnt der Aufschub von vorn ...

Zu solchen Kröten zählt für mich ganz sicher die Vertragsgestaltung. Verträge jeglicher Art nerven mich. Gesellschafterverträge, Arbeitsverträge oder Lieferantenverträge sind zwar wichtig, aber wenn wir mal genau darüber nachdenken, benötigen wir sie nur, wenn einer der Beteiligten sein Wort bricht. Solange alle »verträglich« sind, ist das Papier nicht mal den Druck wert. Und deshalb würde ich stattdessen lieber an der Front den nächsten Partner akquirieren, anstatt mich mit dem Vertragswesen abzugeben. Klar, ich könnte die Verträge auch vollständig von einem Juristen erstellen lassen, aber erstens wäre das sehr teuer, und zweitens braucht auch ein Anwalt ein Grundgerüst von uns, bevor er den Vertrag in seine ganz spezielle Sprache übersetzen kann.

Bei uns entstehen die fetten Kröten meist aus einem Daily Hall, einem täglichen Teammeeting, das wir morgens als Erstes durchführen. In maximal zehn Minuten stellen wir uns die Frage: »Was mache ich heute und wo benötige ich Hilfe?« Daraus resultieren dann die Todos für den Tag, im Schnitt sind das etwa fünf Aufgaben. Dieses Vorgehen ist sehr agil und bietet sich vor allem für Projekte an, die regelmäßig an Veränderungen angepasst werden müssen. Die *Kanban-Methode* eignet sich gut, um agile Projekte zu steuern, insbesondere wenn ein hohes Maß an Eigenverantwortung vorausgesetzt wird. Mithilfe von sogenannten Kanban-Boards können Fortschritte dargestellt werden. Die Aufgaben werden in lediglich drei Sparten untergliedert:

Backlog: Aufgaben, die noch nicht in Bearbeitung sind.
To-do: Aufgaben, die in Bearbeitung, aber noch nicht abgeschlossen sind.
Done: Kürzlich abgeschlossene Aufgaben.

»Warum sollte man abgeschlossene Aufgaben noch im Board anzeigen?«, fragst du dich vielleicht. Je agiler ein Projekt, desto eher poppen erledigte Aufgaben wieder auf. Das kann eine nervige Angelegenheit sein. Angenommen, ich würde einen Vertrag für abgeschlossen halten, weil ich ihn an unseren Anwalt weitergeleitet habe, damit er ihn finalisiert. Einen Tag später ruft er mich jedoch an und gibt mir einige Hinweise, was *dringend* noch in der Struktur angepasst werden muss, damit er weiterarbeiten kann. Die für abgeschlossen gehaltene Aufgabe wird plötzlich wieder höchstpräsent und raubt meine Zeit. Ein Klassiker. Und welche Strategie hilft nun bei der Bearbeitung dieser langwierigen Aufgaben?

1) Die Aufgabe in Teilaufgaben gliedern – kleine Häppchen.
2) Vorher überlegen: wen oder was brauche ich zur Erledigung?
3) Ablenkungen reduzieren, am besten eliminieren.

Dass regelmäßige, kurze Pausen von fünf bis zehn Minuten der Konzentration sehr zuträglich sein können, ist wohl selbsterklärend. Wenn die schlimmste Aufgabe endlich abgearbeitet ist, sollte man sich ruhig ein paar einfachen To-dos widmen. So klingt der Tag mit dem positiven Gefühl aus, eine Menge geschafft zu haben. Manchmal schreibe ich mir so einfache Sachen auf wie: »Eine halbe Stunde lang Mails abarbeiten.« Allein das Durchstreichen dieser Aufgabe fühlt sich gut an, selbst wenn das E-Mail-Postfach während der Bearbeitung wieder über den Ausgangszustand hinaus gefüllt wurde. Hätte ich mir dieses To-do nicht aufgeschrieben, wäre das Gefühl entstanden, nichts geschafft zu haben.

Und wie geht jetzt deine Begegnung mit der intergalaktischen Sadistin aus? Pass auf: Gerade als du fest entschlossen bist, die Kröte in essbare Häppchen zu filetieren, blitzt es heftig. Das Licht ist so grell, dass du vollends geblendet bist. Als du deine Sehkraft zurückerlangst, siehst du, wie die Kröte davon hüpft und die Fee unter einer umgestürzten Eiche begraben liegt. Auf dem Stamm ist folgende Botschaft eingebrannt:

»*Du hast deine Wahl mit Bedacht getroffen und bist sehr weise. Die Kröte muss zuerst verspeist werden. Denn hättest du zuerst die Leckereien vernascht, so wäre dein Magen bereits voll gewesen und dein Unternehmen gescheitert! Aber eine Sache hast du übersehen: Nur weil man unschuldige Kröten isst, bekommt man noch lange nichts geschenkt. Wo kämen wir denn da hin?*

Gezeichnet: Der Weltverband weiser Veganer.«

Und die Moral von der *Geschicht?* Wünsche und Träume erfüllen sich ohne harte Arbeit *nicht!*

3.4   Das wäre *nice to have*? Nein, danke!

Neben *wichtigen* und *unwichtigen* Aufgaben existieren auch solche, die irgendwo dazwischen liegen. Das Tückische an ihnen ist: Im Gegensatz zu den völlig sinnlosen Aufgaben, könnte man mit der Bearbeitung dieser *Nice-to-have-Aufgaben* zwar die Firma verbessern, allerdings nur mikroskopisch. Für diesen geringen Output nehmen sie aber vergleichsweise viel Zeit in Anspruch und/oder verursachen unnötige Kosten.

Hierzu fällt mir ein Beispiel aus dem Marketing ein, präziser gesagt denke ich an einen Onlineshop aus einem der Unternehmen und Vereine, die ich betreue. Der Umsatz mit diesem Shop betrug 200 Euro im Monat. Nicht gerade üppig. Als wir das Thema diskutierten, wurden Stimmen laut, dass sich mithilfe besserer Produktfotos der Umsatz erheblich steigern ließe. Ich war da skeptisch. Ohne es auszuprobieren lässt sich das leider nicht beweisen. Trotzdem schlug ich vor, dass wir uns dem Experiment zunächst theoretisch nähern. Immerhin sind 5.000 Euro für Fotos eine Menge Geld und vor allem verschwendet, wenn sich nicht das gewünschte Ergebnis einstellt.

Es ist naheliegend, dass die Bildqualität oberhalb einer gewissen *Ästhetik-Schwelle* liegen muss. Unterhalb dieser würden die Kunden die Shop-Betreiber wahrscheinlich nicht ernst nehmen. Das schien jedoch nicht der Fall zu sein, vielmehr wurde der Shop gar nicht wahrgenommen. Der Traffic in dem Shop war viel zu gering. Was würden bessere Fotos daran ändern? Die Kaufrate der spärlichen Shopbesucher würde vielleicht um 20 % steigen, und sich der Monatsumsatz von 200 auf 240 Euro erhöhen. Aber ich will mal nicht so negativ sein. Sagen wir, der Umsatz stiege durch bessere Fotos auf 400 Euro. Bei einer Marge von 50 % würde es dann 50 Monate dauern, bis sich die Kosten von 5.000 Euro amortisiert hätten. Fünfzig Monate!* Klingt das nach einer sinnvollen Ausgabe? Es ist den Aufwand einfach nicht wert und daher nur *nice-to-have*. Besser wäre es, dieses Geld in eine Marketingkampagne zu investieren, um mehr Interessenten in den Shop zu locken.

Es bleibt ein strittiges Thema. Eindeutiger ist möglicherweise der nächste Fall. Denk an die Erstellung einer Präsentation. In den Köpfen mancher treibt der *Perfektionierungsdrang* sein Unwesen, eine besondere Stimme, die dem Ersteller der Unterlagen ins Gewissen redet: »Das grüne Design ist noch nicht pastellfarben genug, und außerdem muss das Textkästchen unbedingt noch weiter rechts positioniert werden! Spinnst du? Die Farben harmonieren ja überhaupt nicht miteinander. Das würde ich schnell ändern, sonst werden dich die Leute während der Präsentation garantiert auslachen!« Infolgedessen werden kostbare Stunden mit der infinitesimalen Verbesserung verbrannt, sodass ein *Vilfredo Pareto* nervösen Schluckauf bekommen würde. Der lehrte uns nämlich, dass 80 % einer Aufgabe 20 % des Zeitaufwands beansprucht. Mit anderen Worten: Wenn die Erstellung einer Präsentation insgesamt fünf Stunden dauert, haben wir bereits nach einer Stunde 80 % des Ziels erreicht – sind also schon fast fertig. Leider nehmen die verbleibenden 20 % dann noch vier Stunden in Anspruch. Ganz schön lästig.

Um Missverständnisse zu vermeiden: Natürlich sollte auch in einer Präsentation die Ästhetik-Schwelle überschritten bleiben. Pinke Schrift auf orangenem Hintergrund in einem rot-umrahmten

---

* 200 Euro zusätzlicher Umsatz entspricht 100 Euro Gewinn pro Monat (bei einer Marge von 50 %). **Amortisation: 5000 Euro Kosten = 50 Monate á 100 Euro Gewinn.**

Kästchen, das abwechselnd von oben nach unten, von rechts nach links und manchmal drehend eingeflogen wird, vermittelt vermutlich nicht die gewünschte Seriosität. Es sei denn, mit der Präsentation wollten Augenärzte die Farbwahrnehmung ihrer Patienten testen.

Und damit dieser Abschnitt nicht ebenso zeitraubend wie der lästige Perfektionierungsdrang wird, schließen wir ihn mit einer kleinen Zusammenfassung lieber schnell:

Nice-to-have-Aufgaben …

- … fressen Zeit und verursachen unnötige Kosten.
- … wirken sich kaum auf Umsatz oder Gewinn aus. Oder zumindest steht der Aufwand in keinem vernünftigen Verhältnis zum Ertrag.
- … ergeben sich häufig aus der Meinung eines Einzelnen, der den Effekt maßlos überschätzt.
- … resultieren oft aus einem Perfektionierungsdrang.

3.5   Agieren ist besser als Reagieren

Es soll ja Leute geben, denen das Telefonieren eine unglaubliche Freude bereitet. Für sie sind zehn, zwanzig oder gar dreißig Telefonate am Tag überhaupt kein Problem. Im Gegenteil, man hat das Gefühl, sie bräuchten sie wie die Luft zum Atmen. Auf der anderen Seite stehen die Leute, die bei einem eingehenden Anruf sofort denken: »Och ne, wieso kann der mir keine Nachricht schicken? Darauf habe ich jetzt echt keinen Bock!« Mich kannst du zur letzten Gruppe zählen.

In den ersten Jahren nach unserer Gründung entwickelte sich das Telefonieren für mich zu einem echten Problem. Als Geschäftsführer eines jungen Unternehmens konnte ich mich Telefonaten nicht immer entziehen. Viele Menschen wollten etwas von mir: Mitarbeiter, Geschäftspartner, Investoren, Kunden und Freunde suchten den regelmäßigen telefonischen Dialog, wodurch ich mir wie in einem Callcenter vorkam. Die ungeplanten Anrufer brachten mich aus dem Trott, und ich hatte am Ende des Tages den Eindruck, untätig gewesen zu sein. Doch viel schlimmer als das Zeitproblem war das Gefühl, fremdgesteuert zu sein. Ich war nicht mehr Herr meines Kalenders und *reagierte,* anstatt zu *agieren.* Das konnte so nicht weitergehen. Folglich entwickelte ich mich zu einem sturen Bock, der nicht mehr ans Telefon ging.

Heute kommuniziere ich hauptsächlich über E-Mail und Kurznachricht. Falls ein Telefonat unausweichlich ist, muss es im Voraus geplant werden, denn spontane Anrufer erreichen mich in den seltensten Fällen. Stattdessen bekommen die Anrufer *Calendly* zugeschickt – eine App, mit der sich Meetings planen lassen –, womit sie

Zugriff auf meinen virtuellen Kalender erhalten und sich darin einen freien Slot blocken können.

Auf diese Weise werde ich nicht mehr Opfer der *Dringlichkeitsfalle*. In diese tappen wir regelmäßig, weil wir unterbewusst dazu neigen, Anrufe als *extrem dringend* einstufen. Immerhin klingelt, vibriert oder leuchtet da irgendwas, bevor dann auch noch eine Stimme etwas von uns fordert. Das wirkt insgesamt dringender und wichtiger als eine Textnachricht, oder? Doch das ist Quatsch. Denn ein Thema ist vor allem deshalb so dringend für eine anrufende Person, weil sie es in dieser Sekunde bearbeitet und wir ungewollt Teil dieser Bearbeitung sind. Manchmal ist unser Input tatsächlich unumgänglich, damit die Person weiterkommt. Aber manchmal ist sie auch einfach nur zu faul, eigenständig nach einer Lösung zu suchen. Und schon kommt ihr die zündende Idee, einfach uns anzurufen. Wir werden dann schon die richtige Entscheidung treffen. Wer als Angerufener diesem Drang zu häufig nachgibt, der entwickelt sich sukzessive und oft unbemerkt zu einer Hotline für alle Fälle. Interessant ist aber, dass die Menschen das dringende Problem in vielen Fällen eigenständig gelöst bekommen, ohne das *Callcenter Daniel* anzuwählen.

Das liest sich jetzt im ersten Moment vielleicht etwas unhöflich oder unnahbar, aber so ist es nicht. Ich helfe meinen Mitarbeitern und allen anderen Menschen, die meine Hilfe benötigen, sehr gern. Aber ich musste die Kontrolle über meinen Kalender zurückerlangen, sonst wäre ich irgendwann durchgedreht und folglich auch keine große Hilfe mehr gewesen.

Wie ist das bei dir? Überleg mal ganz selbstkritisch: In wie viel Prozent deiner täglichen Arbeitszeit …

… **reagierst** du / wirst du kontrolliert?
… **agierst** du / behältst du die Kontrolle?

Selbstverständlich kann man nicht immer die Kontrolle behalten. Es gibt eben diese superwichtigen, wirklich dringenden und unvorhergesehenen Themen, die eine sofortige Bearbeitung erfordern. Zum Beispiel: Ein Kursleiter könnte sich am Morgen eines Abikurses mit einer schlimmen Grippe krankmelden und die Teilnehmer eine sofortige Lösung erwarten. Für solche Notfälle halte ich mir mittlerweile pauschal eine *flexible Stunde* am Tag frei, der ich im Falle eines Falles alles andere unterordne. Dadurch bin ich gedanklich auf dringende Szenarien vorbereitet, was eine emotionale Bereicherung für mich war.

Übrigens haben sich meine Mitmenschen mit der Zeit an die Marotte gewöhnt. Sie wissen genau, dass ich schwierig telefonisch zu erreichen bin, und wählen daher andere Wege. Wenn ich dir noch mehr darüber berichten soll: Ruf mich einfach spontan an.

3.6 Wer nachhakt, kontrolliert das Spiel

Neulich kam ein Mitarbeiter auf mich zu und klagte mir sein Leid, dass sein Kunde einfach nicht regelmäßig zahlen wolle. Mal verspäte sich die Zahlung um eine Woche, mal um zwei, und manchmal dauere es sogar noch länger. Auf meine Frage, ob er ihn bereits darauf angesprochen hätte, erwiderte er: »Nein, bisher nicht.« – Ich: »Warum nicht, es nervt dich doch?« – Er: »In der Rechnung steht doch eindeutig ein Zahlungsziel von sieben Tagen. Von so einem großen Kunden erwarte ich eine pünktliche Zahlung!«

Diese Situation ist klassisch. Wir denken, nur weil etwas im Vertrag oder sonst irgendwo steht, werden sich die Leute schon daran halten. Und falls wir uns dann doch mal dazu hinreißen lassen, jemanden an etwas zu erinnern, erhoffen wir uns, dass der einmalige Hinweis ausreichend sei. In der Liebe gilt vielleicht das Sprichwort: »Aus den Augen, aus dem Sinn«, doch treffender für den Berufsalltag wäre: »Von der To-do-Liste gestrichen, in den Gedanken verblichen.« Denn aus irgendeinem Grund gehen wir davon aus, eine Aufgabe sei erledigt, wenn sie erst mal von *unserer* To-do-Liste gestrichen wurde. Das kennt man doch von Erzählungen aus Großkonzernen oder Ämtern. Da werden Aufgaben von einem »Elfenbeinturm« zum nächsten geschoben, wodurch die Bearbeitungsgeschwindigkeit gegen null konvergiert.

Nachhaken ist besser als abhaken

Ich bin der Auffassung, dass sich die Prozesse durch Nachhaken deutlich beschleunigen können. Wer im Vertrieb arbeitet, kennt sogar ein eigens dafür entwickeltes System, das prinzipiell nichts anderes macht, als die Verkäufer regelmäßig an die Kontaktaufnahme ihrer Kunden zu erinnern: das Customer-Relationship-Management (CRM). Und was für den Vertrieb gilt, gilt genauso für alle anderen Abteilungen und Positionen. Bevor wir davon ausgehen, dass sich jemand bereitwillig bei uns meldet, sollten wir den Spieß lieber umdrehen und selbst den Kontakt suchen. Wahrscheinlich hemmt uns manchmal die Sorge, wir könnten jemanden durchs Nachhaken nerven. Dieses Kreuz muss man vermutlich tragen. Sehr wahrscheinlich denken die Leute, dass ich ihnen manchmal auf den Sender gehe, aber viel wichtiger ist doch, dass die Dinge vorangehen, oder nicht?

Geschäftsführer und Manager werden bestätigen, dass etwa 80 % ihrer Aufgaben aus Nachhaken, Anstoßen und Weiterleiten bestehen. Jedenfalls mache ich mittlerweile kaum noch etwas anderes. Mit Ausnahme der Vertilgung »fetter Kröten«, die sich leider nicht delegieren lässt.

Übrigens fand mein Mitarbeiter heraus, dass sein Kunde nicht aus bösem Willen zu spät gezahlt hatte, sondern einfach nur ein Chaot ist. Nun schickt er ihm monatlich eine Nachricht *vor* Ablauf der Frist und hat seitdem die Zahlung immer pünktlich erhalten. Das mag zwar lästig klingen, ist aber vermutlich weniger lästig als das Gefühl, das ein fehlender Zahlungseingang verursacht. Vom Gefühl eines Cashflow-Problems ganz zu schweigen.

3.7 Einmal ist keinmal

Warum probieren wir eine Sache einmal, zweimal, vielleicht dreimal energiegeladen aus und geben sie daraufhin plötzlich wieder auf? Zum Beispiel beim Sport. Jedes Jahr im Januar schnellen die Anmeldezahlen in den Fitnessstudios in die Höhe. Das war zumindest bis 2020 so, das Coronavirus hat die Statistik etwas verzerrt. Der plötzliche Drang zum Sport ist aber geblieben, denn Neujahrsvorsätze ändern sich nicht. Der über die Weihnachtszeit aufgezogene Reservereifen muss schließlich wieder runter, da der nicht gerade bademodentauglich ist. Und so gehen Sportneulinge stattdessen Joggen, fahren Rad oder schaffen sich einen Hometrainer an, den sie dann drei Sessions höchstmotiviert beackern. Dabei ist der Eifer zu Anfang genauso groß wie die Einschätzung des Effekts. Doch bereits nach wenigen Sporteinheiten, die eine höllische Qual gewesen sind, sinkt die Motivation rapide. Warum ist das so? In unserer Vorstellung sahen wir schon nach drei Trainingseinheiten aus wie Mister oder Miss Universe – das ist das Problem. Wir haben den Weg zum Ziel unter- und unsere eigenen Möglichkeiten maßlos überschätzt.

Diese Überschätzung gibt es überall und das psychologische Prinzip dahinter nennt sich *Selbstüberschätzung* oder *Vermessenheitsverzerrung*. Das kennen wir doch nur zu gut, oder? Gefeit sind wir dagegen alle nicht, aber wir können diesem Prinzip mit einer Denkweise entgegenwirken: »Einmal ist keinmal!« Die Mathematikfreunde mögen den Satz bitte nicht als Gleichung, sondern übertragend betrachten. Gemeint ist, dass wir eine Sache erst viele Male ausprobieren sollten, bevor wir zu dem voreiligen Fazit kommen, wir seien für diese Aufgabe nicht geschaffen oder die Vorgehensweise verspreche keinen

Erfolg. Diese Denkweise mag Ähnlichkeiten zum *Durchhaltevermögen* aufweisen, aber genauer betrachtet setzt sie noch vorher an. Denn mithilfe der *Einmal-ist-keinmal-Denkweise* fällt das Durchhalten leichter! Wir reduzieren die Gefahr, Effekte einzelner Handlungen zu überschätzen, und erhöhen so unsere Frustrationstoleranz. Infolgedessen probieren wir eine Sache nicht einmal, zweimal oder fünfmal aus, sondern fünfzig oder hundertmal – erst dann ziehen wir ein Zwischenfazit. Das ist das Mindset der Erfolgsbestien.

Sehr gut zu gebrauchen ist dieses Mindset im Marketing. Denn der Effekt von Werbemaßnahmen in den sozialen Netzwerken wird oft maßlos überschätzt. Die Vorstellung ist: Ein Post wird schon reichen, um unseren Umsatz zu erhöhen und unsere Bekanntheit brutal zu steigern. Werden die Posts daraufhin lediglich dreimal geliket, wirkt das schnell entmutigend. So ging es unseren Mitarbeitern schon häufig. »Werbung auf Social Media bringt nichts«, hieß es in der Konsequenz. Das stimmt zum Glück nicht. Was allerdings stimmt: Es dauerte Monate und unzählige Posts, bis die Werbemaßnahmen in den sozialen Medien einen spürbaren Effekt auf unseren Umsatz hatten. Erst die unermüdliche Regelmäßigkeit vermittelte unseren Kunden die Botschaft, dass wir es ernst meinen und keine fixe Idee verbreiten wollten.

Heute bedeutet ein Produktlaunch für uns, allein aus Marketingsicht, vier Wochen harte Vorbereitungsarbeit. Hauptsächlich, weil es leichtsinnig wäre, ein Produkt »einfach so« auf den Markt zu bringen, ohne die Zielgruppe vorher heiß darauf gemacht zu haben. Zu groß wäre die Gefahr, dass statt des gewünschten Umsatzknalls lediglich ein leichtes Puffen wahrnehmbar ist. Damit es zu keiner Verpuffung kommt, bauen wir in regelmäßigen Abständen Spannung auf. Wir bereiten unsere Kunden schrittweise auf den Launch vor. Allein in der letzten Woche vor Verkaufsstart posten wir jeden Tag mindestens einmal ein Produktfoto mit der Nachricht: »Noch 7 Tage bis zum Launch!«, »Noch 6 Tage …!«, und so weiter. Mittlerweile nutzen wir dafür sogar die Plattform *LinkedIn*, die sich mehr und mehr zu einem interessanten Verkaufsort entwickelt. Wie bereits berichtet blieben die gewünschten Erfolge auf Facebook irgendwann aus, seitdem sind wir auf anderen Plattformen aktiver. Trotzdem sind wir aber auch weiterhin auf Facebook vertreten, denn viel Marketing hilft viel.

Heute gilt die Einmal-ist-keinmal-Denkweise bei uns für jeden Bereich. Und darum stelle ich jedem Teammitglied, das mich vom Misserfolg einer Vorgehensweise zu überzeugen versucht, zwei entscheidende Fragen: Bis du die Sache richtig angegangen? Und hast du wirklich alles dafür getan, dass sie zum Erfolg führt? Nur wenn hierauf ein klares »Ja« kommt, bin ich bereit, die Sache einzustampfen. Am schwierigsten zu überzeugen sind übrigens Analysten, die einen zarten Hang zur Überbewertung von Zahlen haben. Die Zahlen sprächen für sich, erklären sie mir, und die Maßnahme sei eindeutig erfolglos gewesen. Aus Zahlensicht mag das stimmen, aber wie valide sind Zahlen, wenn sie nicht das Richtige messen? Das wäre, als würde ich unvorbereitet und ohne Ausrüstung den Mount Everest besteigen wollen. Und bei 3.000 Metern merke ich plötzlich: »Hui, ist ja schon ganz schön kalt und gefährlich hier oben«. Ich drehe lieber wieder um. Fazit: Der Mount Everest lässt sich nicht besteigen! Aber ich hab's immerhin »einmal« probiert, demnach weiß ich, wovon ich spreche.

3.8   Gesalzene Anrufe und gepfefferte E-Mails

Es gibt Menschen und Handlungen, die das Urtier in uns wecken können. Eine Schwelle wird überschritten, woraufhin wir am liebsten durchs Telefon oder den Bildschirm kommen würden, um der Person eine ordentliche Abreibung zu verpassen. Da ein solches Verhalten zu primitiv, aber vor allem technisch unmöglich wäre, geben wir unseren Ärger lieber in Form eines »gesalzenen« Anrufs oder einer »gepfefferten« E-Mail zu erkennen. Doch die Reue kommt schnell, weil Pfeffer und Salz in der Kommunikation nichts verloren haben.

Die Fassung lässt sich an manchen Tagen besser, an anderen schlechter bewahren. Die Psychologen sprechen von der *Vulnerabilität*, also der psychischen Verwundbarkeit. Die ist bei uns nicht immer auf demselben Niveau. Wenn an einem Tag bereits zwei Kunden mächtig Stress gemacht haben, wird es einer Mitarbeiterin beim dritten Beschwerdeanruf wahrscheinlich schwerfallen, ebenso nachsichtig zu sein wie bei den ersten beiden Anrufen. Gelegentlich helfe ich bei uns im Support aus, daher erfuhr ich schon häufig am eigenen Leib, wie schnell man in die Schusslinie der Kunden gerät.

Da gab es diese Kundin, die sehr erbost anrief, weil sich die Lieferung ihrer vier bestellten Hefte verspätet hatte. In der Sache war sie zwar im Recht, aber ihr Tonfall war dezent übertrieben. Genauer gesagt fragte sie schreiend, wie es denn sein könne, dass wir sie so lange warten ließen. Noch mal zur Erinnerung: Es ging um Lernhefte und nicht um lebensrettende Betablocker. Folglich wurde es zur Herausforderung, höflich zu bleiben. Mit einer Entschuldigung für den Verzug versuchte ich die Wogen zu glätten, außerdem bot ich ihr ein kostenloses E-Book an, mit dem sich die Wartezeit überbrücken ließe. Das nahm sie dankend an – fürs Erste war sie beschwichtigt.

Doch das Adrenalin schien noch nicht abgebaut. Eine Stunde später rief sie erneut an, um mir mitzuteilen, dass es sich um das falsche E-Book handele. Sie wolle ein anderes! Schon sichtlich (zum Glück nicht hörbar) genervt schickte ich ihr auch das zweite E-Book. Kostenlos.

Du kannst dir bestimmt denken, was jetzt kommt. Richtig, sie rief ein drittes Mal an, weil sie ihre ursprüngliche Bestellung stornieren wollte. An diesem Punkt war das Maß endgültig voll, aber leider nicht mit Münchner Hell. Am liebsten hätte ich ihr ordentlich die Meinung gegeigt, dass wir auf derart unfreundliche Kunden nicht angewiesen seien, dass sie sich für ihre Art und Weise schämen sollte und dass sie uns bloß nie wieder anrufen solle. Doch zum Glück war mein Gehirn schneller als mein Mundwerk. Ich zog die Notbremse und bat sie um etwas Geduld, weil ich angeblich eine wichtige Sache zu klären hätte. Ich würde mich in Kürze wieder melden.

Meine *wichtige Sache* bestand darin, auf der Dachterrasse frische Luft zu schnappen und einen Kaffee zu trinken. Währenddessen dachte ich darüber nach, was genau mich so in Rage versetzt hatte. Es war das Gefühl, ausgenutzt worden zu sein. Diese ganze Nummer wirkte zu frech, als dass sie zufällig hätte geschehen können. Es schien von der Kundin geplant, denn nachdem sie zwei kostenlose E-Books abgestaubt hatte, war ihre ursprüngliche Bestellung hinfällig. Geschickt eingefädelt. Sowas kommt natürlich häufiger vor, und der Erfahrung nach ist ein solches Verhalten für zwei Personentypen charakteristisch: Für Kunden, die auf kostenlose Produkte aus sind. Und für Konkurrenten, die uns und unsere Produkte ausspähen wollen.

Aber weil selbst ein einziger unzufriedener Kunde einen Markenschaden anrichten kann, sah ich davon ab, ein riesiges Fass wegen 60 Euro aufzumachen, indem ich ihr meine Herleitung unter die Nase reiben würde. Mich beruhigte bereits das Gefühl, den Mechanismus dahinter verstanden zu haben. Deshalb bestätigte ich ihr einigermaßen freundlich ihre Stornierung, und die Sache war erledigt.

Dieses *Recht auf eine kurze Pause*, von dem ich Gebrauch machte, hat übrigens jeder. Die Pause ist manchmal notwendig, damit wir uns nicht zu emotionalen Handlungen hinreißen lassen. Auch in einer wichtigen Verhandlung, in der man das Gefühl hat, etwas laufe gerade in die völlig falsche Richtung, kann man sich eine kurze Auszeit nehmen. Vielleicht um jemanden anzurufen? Oder ungestört darüber nachzudenken? Von diesem Recht wird leider selten Gebrauch gemacht, weil es unhöflich wirken kann. Aber selbst wenn es als unhöflich wahrgenommen würde, wäre das immer noch besser als eine Eskalation.

Die Auszeit ist genauso sinnvoll im elektronischen Schriftverkehr, denn auch hier kann man sehr in Versuchung geraten. Bevor eine verärgerte E-Mail versendet wird, bietet es sich an, eine Nacht darüber zu schlafen. Am nächsten Morgen sind die Synapsen frischer und die vorabendliche Nachricht wird sehr wahrscheinlich als zu aggressiv, emotional oder unvorteilhaft wahrgenommen. Nun kann sie »entpfeffert« werden, damit niemand weinen muss.

Unmittelbar nach Beenden des Gesprächs mit meiner Lieblingskundin war ich übrigens drauf und dran, eine schriftliche »Pfeffergasattacke« vorzubereiten, von der ich jedoch glücklicherweise absah und stattdessen den Gang auf die Dachterrasse vorzog. Allein das Formulieren der E-Mail half mir aber schon, meinen Frust zu reduzieren. Es hat eine heilende Wirkung zu wissen: »Wenn ich wollte, dann könnte ich jetzt!« Noch erhabener ist allerdings das Gefühl, wieder Kontrolle über seine Emotionen zu erlangen. Denn nur wer klar denkt, trifft die richtigen Entscheidungen.

3.9 Das Gewohnheitstier

Stell dir vor, eine unsichtbare Drohne würde dich eine Woche lang nonstop begleiten und beobachten. Keine Sorge, sie wäre dir wohlgesinnt und nicht im Auftrag irgendeines Geheimdienstes oder der Ökonomie, die dein Verhaltensmuster für ihre Belange ausnutzen will. Sie stünde in deinem Auftrag und diente einzig dem Zweck, deine Gewohnheiten zu dokumentieren und auszuwerten, um dir mehr Freizeit und Entspannung zu verschaffen. Würdest du ihr einen Einblick in dein Leben gewähren?

Im Jahr 2021 gibt es leider noch keine unsichtbaren Drohnen, daher müsstest du, sofern du deinen Tagesablauf analysieren wolltest, selbst das unsichtbare Flugobjekt sein, das dich in der dritten Person betrachtet. Unbestritten machen Gewohnheiten einen Großteil von dem aus, was wir jeden Tag so tun. Da ist es naheliegend, dass sie maßgeblich an unserem Erfolg beziehungsweise Misserfolg beteiligt sind.

Ich tue mich mit der Veränderung meiner Gewohnheiten immer sehr schwer. In der Anfangszeit unserer Firma wollte ich unbedingt früh im Büro sein, weshalb ich mich über Wochen hinweg zum frühen Aufstehen zwang. Aber ich konnte mich einfach nicht daran gewöhnen. Als Nachteule fühlte ich mich einfach wohler, zu der ich mich während des Studiums entwickelt hatte. Daher erlag ich irgendwann der alten Gewohnheit, als ich feststellte, dass das frühe Aufstehen nicht zu meinem Typ passt. Seitdem komme ich lieber später und bleibe dafür länger – bei der Arbeit!

Schädliche Gewohnheiten und Süchte

Interessanterweise unterscheidet das Gehirn nicht zwischen guten und schlechten Gewohnheiten. Anders ließe sich auch nicht das Verhalten von Rauchern erklären, denn dass 20 Zigaretten am Tag nicht lebensfördernd sind, wird ihnen klar sein. Tatsächlich liegen Gewohnheit und Sucht dicht beieinander. »Eine Sucht ist eine erlernte Krankheit«, sagt der Genfer Professor Christian Lüscher, der sich auf »Synapsen, Netzwerke und Verhalten bei Sucht und verwandten Erkrankungen« spezialisiert hat. Sowohl die Gewohnheit als auch die Sucht haben einen Einfluss auf unser Belohnungssystem, mit einem wichtigen Unterschied: Wer sich etwas zur Gewohnheit gemacht hat, wird nicht mehr mit Dopamin belohnt, erhält also kein motivierendes Signal mehr. Im Gegensatz dazu wird dieses Signal bei süchtig machenden Substanzen »künstlich aufrechterhalten«.[29]

Abgesehen von dem unterschwelligen Hinweis, dass Drogen teuflisch sind, lässt sich zwischen den Zeilen eine wichtige Botschaft erkennen: Gewohnheiten sind (grundlos) wiederholte Handlungen, die uns anfangs belohnen, es aber später nicht mehr tun. Das Resultat kennen wir alle: Wir neigen dazu, auch weniger hilfreiche Tätigkeiten zu wiederholen. Zum Beispiel alle fünf Minuten aufs Smartphone zu starren, weil uns eine »wichtige« Mitteilung erreicht haben könnte. Oder eine bestimmte Route zu wählen, von der wir immer ausgegangen waren, sie sei die kürzeste. Bis uns eines Tages eine bestimmte Karten-App vom Gegenteil überzeugte, wir aber dennoch weiterhin beim alten Weg geblieben sind.

Die Macht der richtigen Gewohnheiten

Von meiner Marotte, spontane Anrufe nicht anzunehmen, habe ich dir bereits berichtet. Es erwies sich als hartes Stück Arbeit, diese alte Gewohnheit abzulegen und stattdessen eine neue zu erlernen: »Telefoniere ausschließlich nach Kalender!« Damit habe ich nicht nur die Freiheit zurückerlangt, mehr agieren als reagieren zu können, sondern vor allem hat mir die deutlich bessere Planbarkeit einen Zeitvorteil verschafft. Aus einem einfachen Grund, den du sicher kennst: Wenn du eine Aufgabe bearbeitest, benötigst du eine gewisse Einarbeitungszeit, bis du so richtig drin bist. Und wenn dich dann, nachdem du drin bist, ein Anruf »rausreißt«, brauchst du anschließend erneut eine Einarbeitungszeit. Diesen Zeitverlust sparst du dir, indem du vorausschauend planst.

Ein weiteres Beispiel: Auch wenn ich grundsätzlich Tabellen und ihre Übersichtlichkeit liebe, kann ich es überhaupt nicht leiden, sie mühselig anzulegen. Ich bin eher der Tabellen-Konsument. Schuld daran ist *Vilfredo Pareto*, dessen Geist mietfrei in meinem Kopf wohnt. Du erinnerst dich an seine 80/20-Regel, erläutert in Abschnitt 3.4. Seinetwegen sehen meine Tabellen weder ästhetisch noch schön aus, aber sie erfüllen ihren Zweck.

Neulich war ich mal wieder bereit für eine neue Gewohnheit, und eine Tabelle sollte mich bei diesem gefassten Entschluss unterstützen. Darin sollten meine regelmäßigen Investitionen in dividendenstarke Aktien eingetragen werden, die ich von nun an jeden Monat tätigen wollte. Komme, was wolle! Das größte Hindernis solcher Vorsätze ist der erste Schritt. Um mich aufraffen zu können, brauchte ich die Aussicht auf einen schnellen und sichtbaren Erfolg, weshalb ich nur in »Quartalszahler« investierte – das sind Unternehmen, die vier Mal pro Jahr Dividenden ausschütten. Damit wollte ich mich *selbst mani-pulieren*, denn eine jährliche Ausschüttung wäre mir zu selten gewesen und hätte mich demotiviert. Das sagt wohl einiges über meine Geduld aus. An den amerikanischen Börsen wurde ich schließlich fündig, und nach mehreren Monaten war die Gewohnheit trainiert, meine Dividendenperlen samt Rendite, Kaufzeitpunkt und Dividendenzahlung in eine altmodische Excel-Tabelle einzutragen. Obwohl die Tabelle grottig aussieht, bereitet mir diese Aufgabe mittlerweile größtes Vergnügen. Diese Freude ist der Beweis, dass die anfangs mühselige Aufgabe zur Gewohnheit geworden ist.

Der plastische Chirurg Dr. Maxwell Maltz soll in den fünfziger Jahren herausgefunden, dass es mindestens 21 Tage dauert, bis sich eine neue Gewohnheit im Gehirn etabliert hat. Denn solange dauerte es bei seinen Patienten durchschnittlich, bis sie sich an ihr neues Antlitz gewöhnt hatten. Mit Überschreitung dieser *magischen 21* ist zwar nicht garantiert, dass die Gewohnheit auf ewig hält, aber von da an fällt es uns immer leichter. Vielleicht kennst du das aus dem Sport? Wenn du beispielsweise mit dem Laufen anfängst, wird es in der ersten Woche hart sein. In der zweiten Woche spürst du schon erste positive Effekte auf dein Wohlbefinden, wodurch die Motivation weiterzumachen steigt. Und in der dritten Woche willst du gar nicht mehr darauf verzichten. Diese Macht sollten wir uns zunutze machen und uns regelmäßig zu neuen Gewohnheiten zwingen. Falls du keine spontane Idee hast, inspirieren dich vielleicht die folgenden Fragen:

- Wie viel Kaffee trinke ich täglich?
- Welche Ernährungsgewohnheiten habe ich?

- Wie viel Zeit verbringe ich in den sozialen Medien und mit Kurznachrichtendiensten?
- Wie überbrücke ich meine Wartezeiten?
- Was könnte mir ein Gewohnheitstagebuch bringen?
- Wie viel Zeit verbringe ich auf Streaming-Plattformen?
- Welche Gewohnheit könnte mir leichtfallen, die anderen total schwerfällt?
- Wieso finde ich keine Zeit, dieses eine Buch zu lesen, das schon seit Ewigkeiten auf meinem Nachtisch liegt?
- Wie oft schaue, lese oder höre ich Nachrichten?
- Wie bewerte ich meinen Schlaf auf einer Skala von 1-10?
- Was würde ich gern öfter tun?

Und falls wir uns nicht selbst zu neuen Gewohnheiten zwingen wollen, gibt es ja zum Glück auch noch unsere Mitmenschen. Vor *vierzehn Tagen* ermahnte mich meine Verlobte Christina, ich möge bitte nach jedem Duschen die Wandfliesen mit einem Wischer abziehen, um Kalkflecken zu vermeiden. Anfangs vergaß ich das natürlich, aber dank ihrer »gewohnheitsfördernden Beratung« bin ich jetzt schon ein regelmäßiger, wenn auch kein perfekter Fliesenwischer. Manchmal vergesse ich es noch. Christina, bitte hab Geduld mit mir, ich benötige noch *sieben Tage*.

Zeit für neue Gewohnheiten

3.10 Ich leide unter akuten Wachstumsschmerzen

Unter aufstrebenden Unternehmerinnen und Unternehmern grassiert ein Leiden, das *Wachstumsschmerz* genannt wird. Die Auslöser sind eindeutig: Die Betroffenen klagen über eine steigende Anzahl von Kunden, höhere Umsätze und mehr Cashflow. Dadurch fühlen sich die armen Geschöpfe mit mehr Kundenrückfragen, Versandproblemen und einem höheren Buchhaltungsaufwand konfrontiert. Als unverkennbare Symptome für den Wachstumsschmerz gelten Stress und miese Laune! Na gut, lassen wir die Ironie beiseite.

Viele wissen nicht, worauf sie sich mit einem wachsenden Business eingelassen haben. »Schnell skalieren!« lautet die wichtigste Lektion eines jeden Unternehmers, oder? Klingt erst einmal richtig, aber eine Firma kann in der Wachstumsphase aufgrund falscher Entscheidungen auch zugrunde gehen. Das kann man sich ersparen, indem man sich gegen Wachstumsschmerzen abhärtet. Der wichtigste Glaubenssatz hierzu lautet: Sie sind etwas Positives! *Schrumpfungsschmerzen* sind jedenfalls unangenehmer.

Wer unter Wachstumsschmerzen leidet, hat aus Marketing- und Vertriebsicht einiges richtig gemacht und befindet sich in einer erfreulichen Situation. Dennoch bringen die veränderten Verhältnisse eine Reihe von Problemen mit sich, die zwar vorhersehbar, aber leider nicht »vorher fühlbar« sind. Die Erwartung ist: Wenn das Business wächst, dann fühlt sich das bestimmt geil an. Dem ist auch zunächst so, trotzdem kann dieses positive Empfinden schnell verfliegen und einem Überlastungsgefühl weichen. Unternehmer und Mitarbeiter meinen dann, sie würden nicht mehr mit der zusätzlichen Arbeit fertig, und es müsse dringend Personal eingestellt werden. An dieser

Stelle wird es heikel. Denn von den frisch eingestellten Mitarbeitern wird eine sofortige Entlastung der angespannten Situation erwartet, dafür hat man sie schließlich eingestellt. Das geschieht aber nicht sofort. Im Gegenteil: Neue Mitarbeiter müssen eingearbeitet werden, kosten demnach in den ersten Wochen zusätzliche Energie in einer ohnehin schon angespannten Situation, und sie verursachen außerdem Personalkosten. Somit steigt schlimmstenfalls die Arbeitslast, während der Umsatz schrumpft, weil die Power im Vertrieb und Marketing fehlt, was letztlich zu einem Cashflow-Problem führt.

Das soll nicht bedeuten, dass es schlecht sei, neue Mitarbeiter einzustellen. Jede wachsende Firma wird irgendwann einstellen müssen. Die Frage ist nur: Wann?

Wir befanden uns bei StudyHelp in einer solchen Situation. Die Verlagssparte wuchs schnell und der Aufwand im Kundensupport stieg. Deutlich mehr Rückfragen und Beschwerden erreichten uns. Du kannst dir das gut rechnerisch vorstellen: Während sich bei einem Umsatz von 10.000 € vielleicht 3 Kunden über die Lieferung beschwerten, verursachten 100.000 € Umsatz 30 Beschwerden. Die Probleme stiegen mit dem Umsatz, vielleicht nicht exakt proportional, aber annähernd. Das liegt vor allem an unserem B2C-Geschäft. Der durchschnittliche Warenkorb, also der Umsatz pro Einkauf und Kunde, stieg kaum, die Umsatzsteigerung kam durch neue Kunden und mehr Transaktionen zustande.

Mit dem Wachstum steigen in aller Regel auch die Zahlungsausfälle. Anfangs rennt ein Unternehmer 1.000 € hinterher, wenige Monate später sind es durch den dreifachen Umsatz schon 3.000 €. Das kann auf die Laune schlagen, denn je höher die Summe, desto höher ist auch die zugeschriebene Relevanz. Damit man daraus nicht die falschen Schlüsse zieht, sollten die Probleme lieber verhältnismäßig betrachtet werden. Solange sich die *Ausfallrate* nicht signifikant verschlechtert, ergibt sich kein akuter Veränderungsbedarf am Prozess. Klar, man muss absolut betrachtet mehr Kohle hinterherrennen, aber deswegen ist das Vorgehen noch lange nicht fatal. Aber der gestiegene Aufwand kann in einem Überforderungsmodus enden, in dem (gerade junge) Unternehmer auf einmal alles in Frage stellen. Nichts läuft mehr wie gewünscht, und diese Grenzerfahrung will logischerweise schnell überwunden werden. Was ist da naheliegender, als sich nach menschlichen Ressourcen umzuschauen?

Das Problem spielt sich in erster Linie im Kopf ab. Tatsächlich kann jeder von uns eine gewisse Zeit mit dem gestiegenen Aufwand zurechtkommen, ohne sofort panisch Leute einstellen zu müssen. Unternehmer müssen das Wachsen eben erst erlernen, genauso wie ein Kind das Laufen erlernen muss. Wir haben während unseres Wachstums zum Beispiel gelernt, dass der Kunde zwar König ist, aber nicht zum Kaiser gekürt werden sollte. Denn wenn er Kaiser würde, ginge unsere Firma bankrott und wäre demnach auch kein guter Diener mehr.

Hierzu ein Beispiel: Kurze Lieferzeiten innerhalb von 24 Stunden sind uns sehr wichtig, weil das Kundenzufriedenheit schafft. Wenn sich nun während einer rapiden Wachstumsphase unsere Lieferzeit zwischenzeitlich etwas verschlechtert, sagen wir: auf 48-72 Stunden, würde das nicht sofort rechtfertigen, drei neue Leute einzustellen. Die Mitarbeiter müssen lernen, mit dem temporären Chaos umzugehen. In Wachstumsphasen läuft nun einmal nicht alles rund, das ist ganz normal. Und das können wir auch unseren lieben Kunden erklären.

Aber: Falls der Zustand über einen längeren Zeitraum sehr chaotisch bleibt, entsteht selbstverständlich Handlungsbedarf.

Fassen wir das Wesentliche zusammen: Wachstum ist gut, aber bringt Veränderungen mit sich. Diesen Veränderungen sollte man nicht mit der panischen Suche nach Mitarbeitern begegnen, sondern stattdessen die Wachstumsschmerzen eine gewisse Zeit aushalten und in Ruhe überlegen, welche Strategie die beste ist:

- Welche und wie viele Mitarbeiter benötige ich wirklich?
- Was erhoffe ich mir von der zusätzlichen Man- und Womanpower im Detail?
- Kann ich kritische Prozesse outsourcen?
- Welche smarten Lösungen gibt es, mit denen sich die Einstellung neuer Mitarbeiter umgehen lässt?

Beispiel Outsourcing:

Wenn das Aftersales überhandnimmt, könnte eine Serviceagentur eingeschaltet werden, die übergangsweise entlastet. Der Vorteil wäre, dass man die Serviceagentur nur aufwandsbezogen bezahlen muss. So lassen sich kritische Arbeitslastspitzen glätten.

Beispiel Smarte Lösung:

In kritischen Phasen können auch Praktikanten und Praktikantinnen sehr hilfreich sein. Sie sind meistens sehr motiviert, weil sie erste Berufserfahrungen sammeln möchten, und wesentlich günstiger als Vollzeitkräfte.

Früher brachte ich »schnelles Wachstum« immer mit »Umsatz« in Verbindung, wenn Unternehmer davon sprachen. Dass sie jedoch »Kosten« meinen könnten, blendete ich aus. Offenbar haben auch andere so ihre Interpretationsschwierigkeiten mit dem Wachstum. Denn mir ist der Fall eines Unternehmens bekannt, das zu schnell zu viele Mitarbeiter einstellte, die es dann aufgrund des damit herbeigeführten Schockzustandes sehr bald wieder entlassen musste. Das Statement des Geschäftsführers war, dass sie »zu schnell gewachsen« seien. Diese Nachricht interpretierte ich mit: »Wir bauten in kurzer Zeit zu viele Kosten auf, wodurch das Unternehmen fast kollabiert wäre.« Demnach hätte es eigentlich heißen müssen: »Wir wollten wachsen, sind aber geschrumpft.« Aber sei's drum.

Auch wir haben aktuell wieder eine knifflige Wachstumssituation. Wir befinden uns in einer Situation, in der der Aufwand derart gestiegen ist, dass wir Abteilungsleiter bräuchten. Einerseits könnte uns diese neue Struktur und das zusätzliche Personal zu deutlich mehr Wachstum verhelfen, andererseits auch in den Ruin treiben. Es ist eine Schwelle, auf der sich das zusätzliche Personal »gerade so« beziehungsweise »gerade so nicht« rentiert. Eine heikle Situation, die typisch für Firmen ist, deren Umsatz zwischen ein und zwei Millionen Euro liegt. Im Buch »Scaling Up« von Verne Harnish wird diese Zone als »Todeszone« bezeichnet. Aber die Schmerzen lassen sich bestimmt noch eine gewisse Zeit aushalten. Wir werden ja nicht wegen jedem kleinen Wehwehchen zur lieben Frau Doktor rennen, oder?

3.11 Dieses Momentum gibt es wirklich

Es gibt natürliche Phänomene, die lassen sich nur schwerlich beschreiben. Und doch hat jeder von uns ihre Auswirkung schon am eigenen Leib erfahren. Die Rede ist vom Momentum, einer Energie, die auf mysteriöse Weise unser Tun und Handeln beeinflusst. Hiermit ist nicht *der* Moment gemeint, also der kurze Augenblick, in dem du beispielsweise in Gedanken an deinen heimlichen Schwarm versunken bist, und ebenso wenig *das* Moment aus der Physik, das Produkt aus Kraft und Hebelarm. Letzteres ist mir übrigens als ehemaliger Mechanik-Tutor[*] sehr geläufig.

Das Momentum hat aber nichts mit Statik und Festigkeitslehre zu tun. Es beschreibt eher eine Serie aus glücklichen Ereignissen, die wohl am besten mit den Ausdrücken »Lauf«, »Run« oder »Welle« beschrieben werden kann. Die Auswirkung kennst du doch sicher: Ziele werden plötzlich mit Leichtigkeit erreicht und überraschend positive Ergebnisse verbucht. Häufig wird dieser Lauf auf eine glückliche Fügung reduziert, das Universum meint es offenbar gut mit uns.

Bereits früher hatte ich viel darüber gelesen, aber das Prinzip nie wirklich verstanden. Vorwiegend kannte ich das Momentum aus dem Fußball. Als eingefleischter Fan und Vorstandsmitglied des Regionalligisten *Rot Weiss Ahlen* kenne ich das Phänomen, dass sich eine Mannschaft in einen regelrechten Rausch spielen kann. Nach mehreren Siegen in Folge verspürt man als Zuschauer das Bedürfnis, dem Rasen Brandhemmer beizumischen, damit das Feuer der Jungs nicht

---

[*] Funfact: Mit mehr als 100 Videos zum Thema »Technische Mechanik 1« bin ich der bekannteste Maschinenbau-Youtuber. Besuch mich gern auf unserem Kanal *StudyHelpTV*, da erkläre ich dir den Biegebalken, dass sich die Balken biegen.

zum Sicherheitsrisiko wird. Die Siegesserie schafft Selbstvertrauen, und das Team läuft zur Höchstform auf.

Das kann sogar innerhalb eines Spiels passieren. Erinnerst du dich an das Halbfinalspiel der Fußball-Weltmeisterschaft 2014 zwischen Brasilien und Deutschland? Völlig unerwartet deklassierte unsere Elf die Brasilianer gegen ihren Heimvorteil mit einem 7:1. Wo kam plötzlich diese Energie her? Bis dahin lief es nämlich eher sperrig für uns. Wer das Spiel verfolgte, wurde Zeuge der brachialen Gewalt des Momentums, das offensichtlich in positive wie negative Richtung verlaufen kann. Die Brasilianer stellten sich bis zu diesem Turnierpunkt sehr geschickt an, und auch die ersten 10 Minuten des Halbfinalspiels verliefen auf Augenhöhe. Aber nur 19 Minuten und vier deutsche Treffer später waren die lateinamerikanischen Favoriten bereits zerstört. Ganz nebenbei entthronte *Miroslav Klose* mit seinem 2:0-Treffer auch noch *Ronaldo* von der Spitze der ewigen WM-Torjäger – gemeint ist nicht der portugiesische Schönling! Damit wurden die Brasilianer gleich doppelt gedemütigt. Die anfängliche Euphorie der Überrannten und ihrer Fans war längst Resignation gewichen.

In der Berufswelt dauerte es eine Weile, bis ich die Dynamik des Momentums verstand. Im Prinzip verhält es sich wie im Sport. Die mentale Stärke und das Selbstbewusstsein aller Beteiligten sind entscheidend davon abhängig, wie gut es gerade in der Firma und mit den Projekten läuft. Ein Momentum kündigt sich dadurch an, dass wie durch Zauberhand auf einmal alles funktioniert. Ein konkreter Auslöser dafür lässt sich in den meisten Fällen nicht ausmachen. Aber eines ist immens wichtig: Das Momentum, der Lauf, der Run, die Welle, ganz egal, wie du es nennen magst, muss unbedingt aufrecht gehalten werden! Denn du willst schließlich das Maximum aus diesem scheinbar nicht enden wollenden Gefühlsrausch herausholen. Außerdem ist es jetzt viel einfacher, den nächsten Erfolg zu verbuchen. Wir spüren das vor allem im Marketing: Es ist einfacher, hohe Umsätze hochzuhalten, beziehungsweise noch weiter zu steigern, als sie nach einem herben Rückschlag wieder mühselig aufzubauen. Daher ist jetzt der perfekte Zeitpunkt, wichtige Verhandlungen mit Geschäftspartnern, Investoren und Strategen zu führen, in die Großkundenakquise zu gehen oder verrückte Sachen auszuprobieren. So potenziert sich der Erfolg.

Doch wie alle Rauschzustände kann auch das Momentum schnell ins Negative kippen. Der Traum wird zum Alptraum. Nichts scheint mehr zu laufen, eine Art negativer Sog entsteht, der jeden Erfolgsversuch zunichtemacht. Dessen war sich auch der deutsche Fußballverein Schalke 04 sicher, der mit 30 sieglosen Spielen in Folge beinahe den historischen Negativrekord von Tasmania Berlin in der Bundesliga brach. Am 09. Januar 2021 konnten sie sich dann endlich (zumindest für ein Spiel) aus diesem Strudel befreien, womit Tasmania Berlin mit einer Serie von 31 sieglosen Spielen weiterhin der ultimative Unglücksrabe in den Sportgeschichtsbüchern bleibt.

Nun ist der Ausbruch aus einer solch niederschmetternden Gefühlslage alles andere als einfach. Ein paar Möglichkeiten gibt es aber zum Glück. Zunächst einmal solltest du weiterhin Vertrauen in dich haben, also dranbleiben und weiter Vollgas geben. Das sagt sich leicht daher, aber auch ein negatives Momentum besteht nicht auf ewig. Ein guter Unternehmer wird lernen müssen, mit dem Auf und Ab umzugehen. Das größte Problem sind die psychischen Auswirkungen, daher sollte jeder an seiner Resilienz arbeiten, also die psychische

Belastbarkeit verbessern. Außerdem sollte man gerade jetzt Risiken eingehen, auch wenn das paradox klingen mag.

In unserer letzten Krise stellten wir während der Kurzarbeit einen neuen Mitarbeiter für das Marketing ein. Wir mussten auf die Verlagssparte umdisponieren, um die Verluste aus dem weggebrochenen Kursgeschäft auszugleichen. Allerdings konnten wir das bestehende Personal nicht so einfach auf diesen neuen Bereich umpolen. Ein Mitarbeiter aus dem Bereich Finanzen wird nicht mal eben zum Marketer. Ad hoc funktionierte das nicht, daher blieb uns keine andere Wahl, als jemanden Neues einzustellen. Die Mehrheit im Team war sehr skeptisch und sträubte sich gegen die Entscheidung einer Neuausrichtung unseres Geschäftsmodells. Das Verlagswesen sei unsexy und StudyHelp außerdem kein Verlag, so die Aussage. Darüber hinaus kannst du dir bestimmt vorstellen, in welche Argumentationsschwierigkeiten wir gegenüber dem Arbeitsamt gerieten, weil wir trotz Kurzarbeit einen neuen Mitarbeiter einstellen wollten. Das gelang nur, indem wir ihnen schlüssig erklärten, dass wir uns in einem Überlebensmodus befänden, in dem wir bereit seien, radikal unsere Kosten zu senken. Mit einer Ausnahme: Marketing für unseren Verlag.

Und wenn das alles nichts gebracht hätte? Tja, falls doch alle Stricke reißen und kein Ende der Pechsträhne in Sicht ist, bleibt nur noch Tabula rasa. Das Management bei Schalke wurde grundsaniert, was sicherlich eine gute Entscheidung war, weil das Team das Vertrauen in die Führung eindeutig verloren hatte. Das heißt nicht, dass damit sofort die Probleme gelöst seien, denn Schalke wird einen harten Weg vor sich haben. Der Abstieg ist besiegelt. Aber vielleicht erfahren sie dafür das positive Momentum in der zweiten Liga. Immerhin spielen

Vereine, die sich wieder zurück in die erste Liga gekämpft haben, durch die positive Energie weit besser als vor dem Abstieg. So, jetzt ist aber Schluss mit Fußball. Sonst schlägst du noch das Buch zu, und mein *Momentum*, dich bis an diese fortgeschrittene Stelle geführt zu haben, endet genau hier.

Technische Mechanik:
»Der Biegebalken«

Wie Brasilien bei der WM
2014 deklassiert wurde

3.12 Es muss immer weiterlaufen

Jetzt, da wir uns so ausgiebig mit dem Momentum befasst haben, kursiert doch bestimmt eine Frage in deinem Kopf. Wie genau lässt sich dieser Lauf künstlich aufrechterhalten? Und ist das überhaupt notwendig? Immerhin könnten wir doch auch einfach mal chillen …

Wenn's so richtig gut läuft, verfallen die Laufenden gern in einen Modus der Entspannung: »Es läuft gerade so gut wie nie, jetzt sei doch mal genügsam!«, erhielt ich neulich als Appell von meinen Mitarbeitern. Ob das wirklich eine gute Idee wäre, schauen wir uns anhand eines Beispiels an:

Nehmen wir an, du möchtest einen Marathon unter 4 Stunden laufen. Ein sportliches, aber erreichbares Ziel. Zur Erinnerung: Das ist eine Distanz von 42,2 km.

Startschuss! Um dich herum sind tausende Läufer, die ihre persönliche Bestmarke knacken oder überhaupt im Ziel ankommen wollen. Auf den ersten 10 km findest du nicht sonderlich gut ins Rennen, du hinkst deinem Ziel hinterher. Nicht beachtlich, aber ein bisschen. Der turbulente Start und das Gedränge haben dich aus der geistigen Bahn geworfen, und teilweise wurdest du auch aus der buchstäblichen geschubst.

Dann im zweiten Viertel bist du auf einmal voll drin. Es läuft, nein DU läufst hervorragend. Dein Tempo ist genau richtig! Stark motiviert passierst du das Schild, auf dem »Kilometer 21« geschrieben steht. Wahnsinn, die Hälfte hast du nun geschafft. Du freust dich über deine bisherige Leistung. Wenn du die zweite Hälfte des Rennens so weiterläufst, erreichst du dein Ziel bestimmt. Nein Moment, was war das gerade? Du musst ja gar nicht so schnell weiterlaufen wie die letzten 10 km, sonst würdest du dein Ziel womöglich übertreffen. Du könntest das Tempo ruhigen Gewissens drosseln und würdest trotzdem unterhalb der anvisierten 4 Stunden bleiben. Also entscheidest du, die zweite Hälfte genügsamer anzu*gehen*.

Na, was denkst du: Wie wird das Rennen für dich ausgehen? Ich denke, dass dich die Genügsamkeitsbremse an deiner Zielerreichung hindern wird, wenn du sie nicht schnell wieder löst. Dieser Marathon steht sinnbildlich für dein Unternehmen und die unterschiedlichen Phasen. Am Anfang ist alles tumultartig, es gibt keine Strukturen und die Geräuschkulisse ist schwer zu verarbeiten. Die anderen Läufer könnten deine Konkurrenten, deine Mitarbeiter oder Mitgründer sein. Alle haben ihre eigenen Ziele und Vorstellungen. Folglich ist es anfangs schwierig, auf die richtige Bahn zu kommen. Aber irgendwann kommt Schwung in die Sache. Finanzielle Erfolge stellen sich ein, da geschaffene Strukturen und die schier unermessliche Energie, die du in deine Firma gesteckt hast, endlich ihre positive Wirkung entfalten. Das ist ein sehr erhabenes Gefühl. Dennoch ist jetzt kein guter Zeitpunkt, sich auszuruhen!

Dass wir uns nicht missverstehen: Es ist völlig normal, sich eine Zeitlang auf Erfolgen auszuruhen, davon will ich dir auch keinesfalls abraten. Auch Etappensiege können und sollten gefeiert werden. Ich finde nur, man sollte relativ schnell wieder zur Besinnung kommen und schlichtweg weiterlaufen, damit dem Erfolg auch noch was folgt. Dir fallen doch bestimmt auch Promis ein, die raketenmäßig nach ganz oben kamen, dort oben sehr ausschweifend lebten, viel Geld bei Scheidungen und wegen Unterhaltszahlungen verbrannten, mehrere Unternehmen vor die Wand fuhren, und dann irgendwann mit neunkommaachteins Metern pro Sekunde im Quadrat auf den Boden zurückkrachten. Hoch kommen viele, oben bleiben nur wenige.

Doch kommen wir vom Tennis zum Finanzwesen. Wir haben vor kurzem bei unserer Hausbank einen Kredit von 50.000 Euro aufgenommen, obwohl unser Konto nie bessere Zeiten gesehen hat. Mit unserem derzeitigen Kontostand können wir etwa neun Monate unsere Ausgaben decken, ohne in der Zwischenzeit auch nur einen Cent zu verdienen – du erinnerst dich an die Cash-Burn-Rate? Das ist eine vergleichsweise komfortable Situation, da wir vor nicht allzu langer Zeit eine Reichweite von höchstens zwei Wochen hatten. »Wie kann man dann so bescheuert sein, einen Kredit aufzunehmen?«, höre ich dich denken. Das hatte drei Gründe. Erstens wollten wir damit das Momentum künstlich aufrechterhalten, da die Rückzahlung des Kredits einen gewissen Druck bei uns verursacht, der uns zu weiterhin hoher Leistung motiviert. Nenn uns von mir aus masochistisch. Und zweitens riet uns unser Banker dazu. Ganz recht, er kannte unseren Kontostand und empfahl uns einen Kredit mit folgender Argumentation:

»Cash sollte man organisieren, wenn man es nicht braucht, weil man es nicht organisiert bekommt, wenn man es braucht.«

Wie wahr! Wer gibt schon jemandem einen Kredit, der kurz vorm unternehmerischen Herzstillstand steht? Andererseits ist derjenige, dessen Blut gut zirkuliert, ein gern gesehener Kreditnehmer. Ach ja, drittens wollte unser Banker in Zeiten von Niedrigzinsen vermutlich einfach ein Geschäft machen, aber das blenden wir in dieser Betrachtung aus.

Dieses Darlehen passte gut zu unserem Grundsatz »Profit first«. Wir waren mithilfe dieser zusätzlichen liquiden Mittel nämlich imstande, eine größere Auflage von Büchern zu bestellen, wodurch wir einen besseren Einkaufspreis erhielten. Danach war immer noch genügend übrig, um Skonto für eine schnelle Zahlung zu erhalten. Beides wirkte sich auf den Profit aus.

Fazit: Neue Erfolge erfolgen nur, wenn Neues folgt. Es muss stetig weitergehen. Oder weiterlaufen? Wie dem auch sei, in jeden Fall gehen wir jetzt zum nächsten Kapitel über und beschäftigen uns mit dem wichtigsten Erfolgsfaktor: dem Menschen. Die müssen dem Unternehmen nämlich ebenfalls folgen, sonst erfolgt erst recht nichts.

Kapitel 4: Mensch, hilf mir bitte

»Wirksamkeit heißt, sowohl effektiv als auch effizient zu sein. Dies heißt, die richtigen Dinge richtig zu tun - im Denken ebenso wie im Handeln. Das ist die Kernkompetenz für richtiges und gutes Management.«[30]

Fredmund Malik, (geb. 1944)

»Ein kluger Mann macht nicht alle Fehler selbst. Er gibt auch anderen eine Chance.«[31]

Winston Churchhill, (1874-1965)

Unternehmer und Selbstständige sind in besonderem Maße von ihren Mitmenschen abhängig. Für sie ist das Menschenmanagement noch eine Spur wichtiger als für Angestellte, denn ihr Erfolg ist unmittelbar davon abhängig. Ein angestellter Konstrukteur, beispielsweise, erhält sein Gehalt von seinem Arbeitgeber, während Unternehmer direkt von ihren Kunden bezahlt werden. Logisch, der Konstrukteur ist indirekt auch von den Kunden der Firma abhängig – aber eben nur indirekt. Wenn sein Gehalt nicht pünktlich eingeht, wendet er sich an seine Führungskraft oder die Personalabteilung und ruft deswegen keine Kunden an.

Der Erfolg der Unternehmer ist abhängig von ihren Kunden, Lieferanten, Geschäftspartnern, Investoren, Banken und Mitarbeitern, mit denen sie regelmäßig verhandeln und vor allem in Windeseile herausfinden müssen, ob sie dem Gegenüber vertrauen können oder nicht. Sie plagen sich mit Fragen wie:

- Wer wäre der richtige Geschäftspartner an meiner Seite?
- Wie überzeuge ich Banken, Investoren und Kunden?
- Welche Aufgaben sollte ich delegieren?
- Wie wähle ich mein Team aus und wie halte ich es motiviert?
- Kurzum: Wie manage ich meine menschliche Umwelt?

Unternehmertum bleibt ein People Business, auch in der Zukunft. Irgendwann werden uns vielleicht kybernetische Gehirne aus Nullen und Einsen ersetzt haben, aber bis dahin sollten wir uns noch mit den menschlichen Fähigkeiten beschäftigen.

4.1   Die Mond-Mars-Theorie

Angeblich kommen Männer vom Mars und Frauen von der Venus, weil ihre Ansichten und ihre Marotten im Alltag so unterschiedlich sind. Ob da wirklich etwas dran ist, sei dahingestellt. Viel wichtiger für diese Lektüre ist die Tatsache, dass Menschen im Allgemeinen sehr unterschiedliche *Erwartungshaltungen* haben, und zwar völlig unabhängig davon, ob sie männlich, weiblich oder geschlechtslos sind. Aus diesem Grund habe ich meine *Mond-Mars-Theorie* entwickelt.

In einer sehr vereinfachten Betrachtung existieren in unserem Umfeld Mond- und Mars-Menschen. Nein, damit will ich dir keine Verschwörungstheorie ans Bein binden, dass die Menschen angeblich von außerirdischen Wesen abstammen würden, weil ein entscheidendes Glied in der Evolution fehlt. Hiermit will ich sagen, dass wir sehr unterschiedliche *Zielvorstellungen* haben, die sich wiederum auf unsere Zufriedenheit auswirken.

Typ Mond

Der Mond-Mensch hat ein analytisches und vorsichtiges Wesen. Er setzt sich nur solche Ziele, die ihm erreichbar scheinen, und schreibt sich diese gewissenhaft auf. Große Ziele, die unter immenser Anstrengung möglich *wären*, schrecken ihn ab, denn er scheut den Konjunktiv. Deshalb mag er auch keine Unvorhersehbarkeiten, da diese bis zu ihrem Eintreten ebenfalls hypothetisch sind, und er vergisst sie gelegentlich in seiner Planung.

Stellen wir uns vor, sein Ziel ist es, zum Mond zu fliegen, der etwa 384.000 Kilometer von der Erde entfernt liegt. Sofern er ihn erreicht, ist er zufrieden, doch verfehlt er ihn, geht für ihn die Welt unter. Oder zumindest der Mond.

Typ Mars

Der Mars-Mensch ist im Vergleich zum Mond-Menschen ein Träumer. Es erscheint ihm nicht ausreichend, lediglich den Mond zu erreichen. Diesen naheliegenden Trabanten kann man fast täglich betrachten, wo ist dabei also der Anspruch? Deshalb nimmt er sich lieber gleich vor, den Mars zu bereisen, dessen durchschnittliche Entfernung zur Erde etwa 228 Millionen Kilometer beträgt.

Obwohl er gern träumt, hat der Mars-Mensch seinen Realismus keineswegs verloren. Er nimmt den Mund zwar zunächst sehr voll, gibt sich aber mit deutlich weniger als seiner ursprünglichen Planung zufrieden. Entscheidend ist für ihn allein der Fortschritt. Das heißt, wenn er unterwegs merkt, dass das Ziel doch etwas unrealistisch weit entfernt liegt, ist er durchaus happy, seinen Fuß stattdessen *nur* auf den Mond zu setzen.

Was denkst du, welches der beiden Wesen den größeren Erfolg verbuchen wird? Es liegt auf der Hand, dass der Mars-Mensch in vielen Fällen zumindest den Mond erreicht, während der Mond-Mensch denselben oft verfehlt. Aber sagen wir, beide erreichen den Mond. Was glaubst du, wer glücklicher ist? Es wäre ein Trugschluss, zu denken, dass der Mars-Mensch unglücklicher sei. Denn für ihn ist der Mond lediglich eine neue Basisstation, von wo aus er nun seine Weiterreise zum Mars plant. Er verbucht seine bisherige Errungenschaft als Etappensieg und fiebert dem großen Ziel entgegen. Wenn er dafür drei weitere Stopps auf Kometen einlegen muss, bevor er den Mars endlich erreicht, so stört ihn das keineswegs. Und was macht der Mond-Mensch? Er tritt die Rückreise zur Erde an, immerhin hat er doch sein Ziel erreicht. Die Mission ist beendet und eine weitere Erkundung des Weltalls steht für ihn vorerst in den Sternen.

Für eine Führungskraft ist es sehr wichtig, die Erwartungshaltung ihrer Mitarbeiter, Geschäftspartner und Investoren zu kennen. Wer ist Mond- und wer Mars-Mensch? Und was bin ich? Wer die Antworten hierauf kennt, kann eher für eine langfristige Zufriedenheit sorgen. Denn diese beiden Spezies arbeiten in einem Unternehmen ja in der Regel als Verbündete zusammen. Eine Mars-Führungskraft muss sehr vorsichtig sein, welche Zielvorstellung sie an das Team weitergibt. Immerhin könnten sich darin einige Mond-Menschen befinden, die durch eine zu hohe Zielerwartung demotiviert werden. Folglich läuft eine Führungskraft besser, wenn sie lieber nur den Mond als Ziel vorgibt. Wenn sie dann von einem Mars-Teammitglied beiseite genommen wird, das moniert: »Hör mal Chefin, der Mond ist doch'n Witz. Wollen wir uns nicht lieber ein größeres Ziel setzen?«, kann die Chefin antworten: »Brauchen wir nicht, denn in Wahrheit streben wir zum Mars. Aber das bleibt unser Geheimnis, ok? Also pssst!« Daraus resultiert der Vorteil, dass nahezu immer der Mond erreicht wird und das Team am Ende zufrieden ist.

Und welche Zielplanung erhalten Investoren? Investoren wollen vor allem eines spüren: den Juckreiz im Geldbeutel. Für sie sind das Wachstum, eine große Vision und der Multiplikator auf ihr eingesetztes Risikokapital wichtig. Darum zeigt man ihnen zunächst den Best Case (Mars). Ein guter Investor wird jedoch, völlig unabhängig davon, ob er Mond- oder Mars-Mensch ist, nach einem Worst Case (ISS) fragen. Im schlimmsten Fall hebt die Firma zwar überhaupt nicht ab, aber das sollte aus taktischen Gründen lieber unerwähnt bleiben. Die Internationale Raumstation (ISS) muss als Worst Case genügen. Mit ihrer Entfernung von 400 Kilometern ist sie ja quasi noch auf der Erde. Als dritte Version zeigt man den Investoren noch einen Medium Case (Mond). Und so fügt sich der Kreis. Oder eher die elliptische Bahn.

Fazit: In einem Unternehmen wird es immer eine Mischung aus Mars- und Mond-Menschen geben – und das ist auch gut so. Bei uns beeinflussen sich beide Typen in positiver Weise. Mars-Menschen zünden mit ihren sehr optimistischen Zielen den Turbo, woraufhin die Mond-Menschen sie dann zu erd… Verzeihung… zu »monden« versuchen, aber trotzdem verbissen an den hochgesteckten Zielen mitarbeiten. Denn das Monden misslingt häufig, musst du wissen. Dank dieser Kombination haben wir dauernd den Drang, das Bestmögliche herauszuholen, und erreichen irgendwann den Mars. Oder gar Alpha Centauri. Vielleicht ist es Zeit für eine neue Spezies?

4.2 Was kann ich und wen brauche ich?

Regelmäßig werden Carlo und ich gefragt, warum ausgerechnet wir uns füreinander entschieden hätten. Wenn ich dann antworte: »Hauptsächlich, weil Carlo damals ein Auto hatte!«, führt das meist zu Gelächter.[*] Es ist zum Running Gag geworden. Ein Gründer sollte seine Geschäftspartner schließlich nach ihren Stärken auswählen, sie sollten das mitbringen, was er (gerade) braucht. Das habe ich wohl zu wörtlich genommen.

Natürlich liegt der wahre Grund viel tiefer, denn wir kennen uns schon seit der Schule. Im Gegensatz zu mir entstammt Carlo einer Unternehmerfamilie, brachte demnach wertvolle Erfahrungen und das richtige Gedankengut mit. Außerdem ist er ein sehr strukturierter und analytischer Typ, dem detaillierte Ausarbeitungen liegen. Wer sich hingegen meine Klausurvorbereitung für Mechanik I ansieht, fragt sich, warum Grundschüler schon so schwierige Sachen lernen müssen. Ich liebe gute und schnelle Lösungen, etwas bis zur Perfektion zu bringen, liegt mir aber überhaupt nicht. Dafür hat Carlo eher weniger Lust darauf, strategische Partnerschaften zu knüpfen, was wiederum mir liegt. Somit ergänzen wir uns ideal.

Rückblickend war es entweder eine glückliche Fügung, oder ich sah in Carlo instinktiv den passenden Geschäftspartner. Wer sein Glück nicht herausfordern möchte, sollte sich mit seinen Talenten beschäftigen: »Worin bin ich gut und wobei benötige ich Hilfe?« Diese Frage wird gern gemieden oder umgangen, denn niemand gibt gern

---

[*] Nachzulesen unter:
https://www.businessinsider.de/gruenderszene/allgemein/studyhelp-paderborn-gruendertagebuch-folge1/

seine Schwächen zu. Obwohl es eindeutig eine Stärke ist, sich ihrer bewusst zu sein.

Zum Glück gibt es verschiedene Analysemethoden, um die eigenen Talente zu reflektieren oder reflektieren zu lassen. Als allenfalls Hobbypsychologe nehme ich aber Abstand von einer Empfehlung, welche Methode die beste ist. Interessierte erhalten im Internet schnell einen Überblick der vielen angebotenen »Psychotests« und können diese Frage für sich selbst beantworten. Die bekanntesten sind:

- Big Five beziehungsweise OCEAN-Modell
- Hexaco-Modell (als Ergänzung zum Big Five)
- DISG-Modell
- Myers-Briggs-Typenindikator
- CliftonStrengths Assessment

Stärken stärken

Meines Erachtens geht es nicht darum, *den* wahren Test zu finden, sondern vielmehr darum, über den eigenen Schatten zu springen und sich einem davon zu unterziehen.

Vor einigen Jahren unterzog ich mich dem letztgenannten Test, der von Don Clifton entwickelt wurde und der von *The Gallup Organization* durchgeführt wird. Der Ansatz beruht auf der Sichtweise, dass ein Mensch in erster Linie seine Stärken kennen und stärken sollte. Dadurch kann er am ehesten Höchstleistung erbringen und sein wahres Können entdecken. Seiner Schwächen sollte er sich zwar auch bewusst sein, jedoch diese eher nicht verbessern. Denn wer eine Schwäche verbessert, kann sie allenfalls zur Mittelmäßigkeit ausbauen, wer jedoch ein Talent weiterentwickelt, wird in dieser Disziplin vielleicht irgendwann Weltklasse.

Hierzu ein Beispiel: Stell dir einen musikalisch völlig talentfreien Achtjährigen vor, der von seinen Eltern zum Klavierunterricht genötigt wird. Drei qualvolle Jahre später kann er zwar ganz passabel spielen, aber jeder mit einem ansatzweise ästhetischen Gehör erkennt, dass er seinen Zenit erreicht hat. Zu quälend, zu zäh und zu leidenschaftslos erscheint die Darbietung des Jungen.

Parallel dazu hat eine Achtjährige mit ausgeprägtem Spaß am Gesang ihre Stimme trainiert. Seit frühen Kindestagen singt die Kleine unter der Dusche, doch das reichte ihr irgendwann nicht mehr. Daher umgarnte sie ihre Eltern so lange, bis sie ihr teuren Gesangsunterricht finanzierten, und seitdem investiert die Kleine jede freie Minute in ihr Talent. Was denkst du, wie gut sie nach drei Jahren singt?

Singen kann ich zwar nicht, aber dafür bescheinigte mir das *CliftonStrengths Assessment* eine »strategische Begabung«. Das sei meine größte Stärke. In der Auswertung hieß es, ich könne dort Muster erkennen, wo für andere nur ein unübersichtliches Durcheinander herrscht. Abstraktes Denken nennt man das wohl. Interessant war auch die Aussage: »Sobald deutlich ist, welche Schritte wohin führen, beginnen Sie, sämtliche unbrauchbaren Wege auszuschließen.« Auch wenn mir mein Gefühl bereits sagte, dass hier meine Begabung liegt, half der Test dabei, es in Worte zu fassen. Es folgten vier weitere, »schwächere« Stärken, deren Interpretation ich dir überlasse:

- Wettbewerbsorientierung
- Höchstleistung
- Bedeutsamkeit

- Selbstbewusstsein

Dieser Test lief online über einen Fragebogen ab, der von Psychologen ausgewertet wurde. Wer Lust hat, noch eine Schippe draufzulegen und sich unter Garantie aus seiner Komfortzone zu bewegen, kann auch ein Assessment in einem Institut buchen. Sogenannte Assessorinnen und Assessoren führen dann einen Tag lang verschiedene Gespräche mit dir, lassen dich Präsentationen abhalten und stellen dir Persönlichkeitsfragen. Am Ende entscheidet das Gremium, ob du einer bestimmten Aufgabe gewachsen bist, oder gibt dir schlichtweg ein allgemeines Feedback zu deiner Person.

Schwächen meiden, soweit es geht

Und wie geht man mit Schwächen um? Nach Möglichkeit sollten die damit zusammenhängenden Aufgaben an eine auf diesem Gebiet höherqualifizierte Person abgegeben werden. Aufwendige Tabellenkalkulationen und die Detailbearbeitung unserer Lernhefte macht bei uns zum Beispiel Carlo. Unsere Autoren schreiben den Inhalt und erstellen die Hefte grob, aber dann sind sie noch lange nicht verkaufsbereit. Die bereits erwähnten, lästigen 20 % fehlen noch. Und da kommt er mit seiner unermüdlichen Detailorientiertheit ins Spiel.

Leider können wir nicht alle Aufgaben delegieren, die uns nicht liegen. Das wäre auch nicht richtig. Ich hatte schon immer Schwierigkeiten damit, Nachrichten über harte Entscheidungen – z.B. eine Kündigung – zu überbringen. Aber solche Aufgaben sind unvermeidlich, also musste ich an dieser Schwäche arbeiten. Wohl wissend, dass ich durch die Verbesserung nur von Note 6 auf Note 3 komme. Weiter werde ich an dieser Schwäche nicht mehr arbeiten, stattdessen nutze ich die Energie lieber zur Stärkung meiner Stärken.

Der Bonus von Persönlichkeitstests

Wenn wir uns einem Persönlichkeitstest unterziehen, lernen wir dadurch automatisch etwas über unsere Mitmenschen. Wir entwickeln ein Auge dafür, wo ihre Stärken und Schwächen liegen. Mithilfe dieses Wissens können wir besser mit ihnen kommunizieren. Unser Mitgründer Max ist ein sehr analytischer Typ und lässt sich folglich auch am besten auf der analytischen Ebene ansprechen. Mit emotionalen Argumenten braucht ihm keiner zu kommen, sie überzeugen ihn null. Damit musste ich erst umzugehen lernen. Wie du aus dem zweiten Kapitel weißt, neige ich während langer Autofahrten zur Tiefsinnigkeit und plane Reden, die ich erst zwei Jahre später halten muss. In meinem Kopf existieren schnell Bilder von einer *Firma der Zukunft*, allerdings musste ich lernen, dieses Bild analytisch zu vermitteln. Denn in meinem Kopf war es längst fix. Du weißt vielleicht aus eigener Erfahrung, dass dieser Transfer der eigenen Gedanken nicht immer einfach ist. Was für dich logisch und klar ist, lässt du in deinen Erklärungen eher aus – wie den Lösungsweg einer Matheaufgabe, der für dich grundlogisch ist.

Im Idealfall machen alle Mitarbeiter einen Persönlichkeitstest, dann lernen sie nicht nur wertvolle Dinge über sich selbst, sondern können sich anschließend auch besser mitteilen. Und darum geht es doch letztlich, oder?

4.3 Wie Investoren bei dir einsteigen

Wenn du weißt, *was* du selbst kannst und *wen* du als Ergänzung brauchst, dann wirst du dich vermutlich als nächstes fragen, *wie* du Personen dazu motivieren kannst, zu dir ins Gründungsschiff zu steigen. An einem kritischen Punkt benötigen Gründer oftmals die Expertise und die liquiden Mittel von Investoren. Doch bevor die einsteigen, müssen sie zunächst begeistert werden, was schnell missglücken kann.

Am besten kann man Menschen von einer Idee begeistern, wenn man selbst begeisterungsfähig ist. Du kennst doch sicherlich diese Personen, die dir mit einer unermesslichen Energie von ihrem Fachgebiet berichten können, das dich im Grunde nicht sonderlich interessiert. Es ist so richtiger *Nerd-Talk*. Und trotzdem schaffen es diese Nerds, allein über ihre Erzählart ein kleines Feuer in dir zu entfachen. Ein Maler erzählt dir vielleicht mit einem solchen Pathos von seiner geliebten Dispersionsfarbe, wie geil sie gestrichen aussehe, wie einfach sich damit die Wände benetzen ließen und wie angenehm ihr Duft sei, sodass du, obwohl du zuvor allein beim Gedanken an Wandfarbe eingepennt wärst, tatsächlich die Herstellerseite im Internet aufrufst, um dich über das Produkt zu informieren. So sehr hat seine Begeisterung auf dich abgefärbt. Spätestens bei der nächsten Renovierung denkst du wieder an seine Worte oder engagierst ihn sogar. Denn jemand, der so begeistert ist, muss gut sein! Oder?

Das ist die Energie, die Geschäftspartner und Investoren überzeugt. Gründer versteifen sich manchmal zu sehr auf eine x-beliebige Idee, ohne davon wirklich begeistert zu sein. Sie möchten sie verfolgen, weil sie lukrativ erscheint. Doch Kapitalgeber investieren in den seltensten Fällen allein deshalb in eine Idee, weil sie lukrativ erscheint. Viel wichtiger sind die Gründer selbst – ihr Glaube an den Erfolg und ihr eiserner Wille durchzuhalten, auch wenn es mal so richtig zum Brechen läuft. Diesen Willen bringen nur Begeisterte auf.

Wie wir die ersten Investoren gewannen

Offen gestanden hatten wir ein wenig Glück bei unserer Investorensuche. Im Jahr 2017 wurde in Paderborn ein Fond gegründet, der in lokale Startups investieren wollte. Zu diesem Zeitpunkt machte uns ein ausländischer Stratege ein Kaufpreisangebot für StudyHelp. Das lehnten wir ab. Davon hörte die Paderborner Startup-Szene und ebenso der Fonds, der interessiert Kontakt zu uns aufnahm. Dass wir die Investoren mit unserem Pitch relativ schnell überzeugen konnten, lag im Wesentlichen an vier Faktoren:

1) Begeisterung für unser Geschäftsmodell
2) Sinnvolles Team mit klarer Rollenverteilung
3) Überzeugende Zahlen
4) Unsere Produkte / Dienstleistungen lösten ein Problem

Mit der Wichtigkeit des ersten Punktes haben wir uns hinreichend beschäftigt. Und dass ein Startup ein Problem auf neue Weise lösen sollte, ist selbsterklärend. Regelmäßig unterschätzt werden in einem Pitch hingegen die Punkte zwei und drei.

Als Team auftreten

Vielleicht verfolgst du gelegentlich, wie sich Gründer in die »Die Höhle der Löwen« begeben und ein disharmonisches Bild hinterlassen. Sie treten nicht wirklich als Team auf, zumindest nicht glaubhaft. Da gab es beispielsweise ein Startup, das ökologisch nachhaltige Kartuschen für die Filterung von Leitungswasser entwickelt hatte, um den Plastikwahnsinn zu reduzieren. Eine sinnvolle Idee. Leider wirkte der Pitch wie eine One-Man-Show des Gründers, dessen Mitgründerin einen ebenso geringen Anteil an der Präsentation wie am »gemeinsamen« Unternehmen hatte. Einigen Investoren missfiel das, denn es wirkte unsympathisch. Am Ende konnten sie zwar einen Löwen überzeugen, aber der nahm den Deal nur unter der Bedingung an, dass die Mitgründerin mehr Unternehmensanteile erhält.

Eine klare Rollenverteilung und überzeugende Zahlen

Wenn die Gründer als Team auftreten, dann bleibt immer noch die Frage offen, ob jeder seine Rolle in dem Pitch versteht. Investoren wollen sehen, dass Gründer verstanden haben, was sie können und was genau sie brauchen. In unserem Pitch sah das folgendermaßen aus:

- Daniel: Strategie, Marketing und Vertrieb
- Carlo: Zahlen und Umsetzung
- Max: IT
- Julian: Allrounder / Feuerwehrmann

Diese Aufteilung signalisierte den Investoren eine vernünftige Struktur und zeigte ihnen, was wir bieten können. Im Gegenzug erhofften wir uns einen strategischen Partner an unserer Seite, der uns bei kritischen Fragen berät und uns Zugang zu seinem Netzwerk gewährt. Und natürlich brauchten wir ihre Kohle, um zu wachsen.

Apropos Kohle: Viele scheinen Hilfe zu benötigen, wenn es um die Unternehmenszahlen geht. Investoren werden verständlicherweise schnell verschreckt, wenn's bei Fragen zu *Umsatz, Gewinn, Margen* oder der *Prognose* holpert. Entweder hat das einer der Gründer drauf, oder man sollte sich einen *CFO (Chief Financial Officer)* fürs Team suchen.

Mit einer zu hohen Firmenbewertung ins Aus schießen

Bei »Die Höhle der Löwen« verpatzen Gründer regelmäßig Deals, weil sie eine zu dreiste Unternehmensbewertung aufrufen. Nun lässt sich mutmaßen, dass solche Gründer überhaupt keinen Deal, sondern einfach nur ins Fernsehen wollten, um Kunden auf ihre Produkte aufmerksam zu machen. Doch auch fernab von Kameras werden Investoren mit zu hohen Unternehmensbewertungen vergrault, wofür wohl Selbstüberschätzung ursächlich ist. Das ist äußerst gefährlich, insbesondere dann, wenn das Kapital dringend benötigt wird. Meines Erachtens sind die Konditionen sekundär, wenn das Geld überlebenswichtig ist. Denn welcher Firmenanteil klingt besser: 50 % von 1 Million Euro oder 100 % von 0 Euro?

4.4   Wer sitzt auf der richtigen Position?

Früher oder später fragt sich jeder im Berufsleben: Befinde ich mich auf der richtigen Position? Schöpfe ich damit mein volles Können aus? Und bin ich motiviert genug, die nächsten 5, 10 oder 20 Jahre hier zu arbeiten? Als Unternehmer sind wir unter Umständen gleich doppelt ratlos, denn wir müssen diese Fragen nicht nur für uns selbst beantworten, sondern auch für unsere Mitarbeiter.

Wer sich mit der Frage, ob ein Mitarbeiter auf der richtigen Position sitzt, nicht wieder und wieder quälen will, wird nicht an der Definition von Unternehmenswerten vorbeikommen. Sie dienen als Basis einer gemeinsamen Denkweise und somit als Bewertungstool. Außerdem ermöglichen sie Mitarbeitern, selbst zu überlegen, ob sie ins Team, in die Abteilung und in die Firma passen – oder überhaupt passen wollen. Von den »Terroristen«, die alles torpedieren und schlechte Stimmung verbreiten, habe ich dir bereits erzählt. Oftmals ist dieses Verhalten ein Hilferuf, da sie noch nicht so richtig wissen, wohin sie gehören.

Wie wir unsere Werte fanden

Schon im Verhandlungscrashkurs haben wir das Thema *Werte* angerissen. Diese unsichtbaren Begleiter werden bei jeder schwierigen Entscheidung spürbar, denn dort ist meist die Werteebene gefragt. Es ist offensichtlich, dass in einem Unternehmen viele unterschiedliche Werte aufeinanderprallen. Je mehr Mitarbeiter es gibt, desto schwieriger ist auch die Suche nach einer Schnittmenge. Wahrscheinlich weichen multinationale Konzerne deshalb auf sehr allgemeine und branchenübliche Werte aus wie: »Integrität«, »Kundenfokus«,

»Nachhaltigkeit«, »Respekt«, »Qualität« und »Unternehmerische Denkweise«. Mit einem kritischen Auge betrachtet sind diese Werte selbstverständlich und sagen wenig über den wahren Kern der Firma aus. Doch ist dieses Vorgehen verständlich, denn weit schlimmer als ein stereotypes ist ein gestelztes, unecht wirkendes Wertebild, mit dem sich schlimmstenfalls die Mitarbeiter nicht identifizieren können.

In diese Falle sind wir schon getappt. Wir hatten zu Beginn die »Seriosität« als Kern unseres Handels definiert, ein wichtiger Wert im Bildungsgeschäft. Immerhin kommunizieren wir täglich mit Eltern, Schülern und Lehrern, die von uns ein seriöses Auftreten erwarten. Für uns war diese Kommunikation *nach außen* normal. Und so folgerten wir, dass die internen Verhaltensregeln ebenso seriös und konventionell sein sollten. Schließlich müsse dieses Verhalten in Fleisch und Blut übergehen. Bis wir irgendwann verstanden, dass dieses künstliche Bild, das wir zeichneten, uns gar nicht wiedergab. Stattdessen wollten wir lieber crazy, lustig, frisch, größenwahnsinnig und einfach wir selbst sein. Wir dachten aber, dass dieses Bild uns womöglich die notwendige Seriosität nach außen nehmen würde, weil es nicht zur Vorstellung unserer Zielgruppe gepasst hätte. Das war ein Irrglaube, denn Natürlichkeit ist wichtiger, als der Vorstellung anderer gerecht zu werden. Das sollte ein Weckruf für uns sein, infolgedessen setzten wir uns mit allen Gründungsmitgliedern und Führungskräften zusammen, um die wahre *Werteschnittmenge* zu finden:

Wir sind wir: Wir schauen zwar, was die anderen machen, aber wir machen es ihnen nicht automatisch nach. Nur weil etwas in der Branche oder bei Mitbewerbern üblich ist, muss das für uns noch lange nicht gelten. Wir bleiben lieber unserer Art treu und vertrauen auf unseren Instinkt.

Wir sind Macher: Wir starten mit unserer Umsetzung, ohne vorher das gewünschte Resultat exakt zu definieren. Denn wir machen unsere Learnings auf dem Weg und passen uns flexibel an. Wenn wir eine Lösung gerade aufgrund fehlender Ressourcen nicht umsetzen können, finden wir alternative Wege.

Wir sind erfolgshungrig: Wir wollen hoch hinaus und Erfolge sehen. Aber auch Misserfolge tun uns gut und geben uns die Energie und die notwendigen Erfahrungen, um die nächsten Schritte zu wagen. Haben wir ein Ziel erreicht, setzen wir uns direkt ein höheres Ziel, weil wir noch mehr erreichen wollen.

Wir sind smart: Wir arbeiten strikt nach dem Pareto-Prinzip. Wir sind gut im Priorisieren, Organisieren, Delegieren und Eliminieren von Aufgaben.

Die Bewertung der Mitarbeiter

Mit diesem kreierten Wertebild hatten wir nun die Chance, unsere Mitarbeiter zu bewerten – im wahrsten Sinne des Wortes. Wir stellten uns die Frage: Sind sie auf den richtigen Positionen, beziehungsweise sind sie überhaupt richtig in unserem Unternehmen? Und um unsere Werte greifbarer zu machen, leiteten wir daraus mehrere Kriterien ab, anhand derer die Mitarbeiter und natürlich auch wir Gründer betrachtet wurden. So sah die Tabelle aus:

Mitarbeiter XY	1	0	-1	1	0	1	1
Werte & Fähigkeiten	Wir sind wir	Macher	Hungrig	Smart	wants it	gets it	Fähig-keiten es zu tun

Das Scoring variiert von -1 bis +1 und umfasst somit lediglich drei Werte, die sich so interpretieren lassen: *Passt (1), passt bedingt (0), passt nicht (-1)*. Seitdem stellen wir Mitarbeiter strikt nach unseren Werten ein und längst nicht mehr allein nach Fachwissen. Dabei ist es uns völlig egal, wie uns eine Bewerbung erreicht. Erst neulich schrieb uns eine Studentin locker-flockig über Facebook an, wodurch wir eine tolle Praktikantin gewannen. Ein »intern seriöses« Unternehmen hätte die Bewerbung vielleicht nicht angenommen, weil es diesen Weg als zu unkonventionell erachtet hätte.

Mitteilung der Werte

Wir wählen unsere Mitarbeiterinnen und Mitarbeitern nicht nur nach unseren Werten aus, sondern teilen ihnen diese auch unmittelbar mit, damit sie sofort erkennen, worauf sie sich einlassen. Bereits im Vorstellungsgespräch erläutern wir ihnen unsere Strategie, Vision und Mission. Dank dieses Vorgehens können die Neuen auch selbst schnell entscheiden, ob die Stelle für sie geeignet ist. Das hat sich spürbar auf die Gesamtstimmung im Team ausgewirkt. Außerdem haben wir damit einen wirksamen Schutzschild gegen Terroristen entwickelt.

Übrigens war ich zwischenzeitlich auch auf der falschen Position. Von mir wurde auf einmal erwartet, dass ich extrem viel PR-Arbeit erledigen und nur noch öffentlich netzwerken sollte. Meine Mitgründer wollten mich in die typische CEO-Schublade stecken und bestärkten mich, dass ich dafür genau der Richtige sei. StudyHelp solle am besten auf jeder Titelseite der Boulevard-Presse stehen, ich in jeder Talkshow vertreten sein und obendrein noch überall als Speaker auftreten. Dieses Bild wurde direkt aus dem Silicon Valley in ihre Gehirne projiziert. Allerdings besaßen Abi-Kurse leider eine vergleichsweise geringe Attraktivität für Leser, Zuhörer und Zuschauer, als dass ein derartiger Fokus auf Öffentlichkeitsarbeit gerechtfertigt gewesen wäre.

Eine Weile ließ ich mich darauf ein, musste aber irgendwann die Reißleine ziehen, weil es uns weder Umsatz noch Profit brachte. Sinnvoller schien es mir, meine Konzentration auf die Bereiche Vertrieb und strategisches Management zu richten, und die Firma somit wirklich weiterzubringen.

Tabelle zur Bewertung
von Mitarbeitern

4.5 Hol deine Leute frühzeitig ab

Wer Teil eines erfolgreichen Teams ist, der hat menschlich entweder einiges richtig gemacht oder hatte saumäßiges Glück. Deshalb ist ein Unternehmer aber noch lange nicht davor gefeit, diese hochwertigen Begleiter wieder zu verlieren. Im Gegenteil, denn gerade die *High Performer* bekommen regelmäßig Angebote von anderen Firmen oder schauen sich selbst nach Alternativen um, wenn ihnen etwas über einen längeren Zeitraum missfällt. Das Verlustrisiko ist dann besonders hoch, wenn sich Mitarbeiter regelmäßig vor vollendete Tatsachen gesetzt sehen. Wer wird schon gern überrumpelt?

Aus großen Firmen höre ich immer wieder Geschichten von Führungskräften, in denen sie berichten, wie nervig es sei, dass das Topmanagement wichtige Entscheidungen von oben nach unten wirft, eine vernünftige Erklärung für das geplante Vorgehen jedoch oft schuldig bleibt. Im nächsten Schritt wird dann vom mittleren Management verlangt, dass die Entscheidung voller Überzeugung an die unterste Ebene übermittelt wird. Zum Beispiel hörte ich von einem Unternehmen, das wegen einer Produktionsverlagerung temporär in massive Lieferschwierigkeiten kam, gleichzeitig von seinen Vertriebsmitarbeitern aber die Durchsetzung horrender Preiserhöhungen verlangte. Schlechte Lieferperformance und Qualitätsprobleme bilden nicht unbedingt die beste Verhandlungsgrundlage für eine Preiserhöhung. Und doch war die Entscheidung eindeutig, immerhin müsse man schleunigst das EBIT verbessern. Die Vertriebsmitarbeiter konnten diese Entscheidung überhaupt nicht nachvollziehen, vor allem, weil sie sich bei vielen ihrer Kunden eine blutige Nase deswegen holten.

Mitarbeiter an der Auswahl beteiligen

Mit einer solch unkollegialen Vorgehensweise erhöht das Management das Risiko, seine Gefährten zu verlieren. Leider mache auch ich regelmäßig den Fehler, meine Mitarbeiter nicht früh genug abzuholen. Es liegt in meiner Natur, eine Idee fix im Alleingang zu entwickeln, etwa eine Geschäftsbeziehung mit einem neuen Werbepartner anzubahnen, und meinen Mitarbeitern anschließend freudestrahlend davon zu berichten, in der Erwartungshaltung, sie fänden das sicher genauso geil. Die schauen mich dann jedoch oft an, als hätte ich sie nicht alle – weil sie verantwortlich für die Umsetzung sind!

Zum Beispiel baute ich eine Kooperation mit *mathe.nick* auf, der den TikTok-Kanal *MatheMitNick* betreibt, erzählte unserem Marketing aber erst davon, als der Vertrag quasi schon unterzeichnet war. Das fanden sie nicht so prickelnd, weil sie daraufhin sehr kurzfristig seine Produkte in unseren Onlineshop integrieren mussten. Infolgedessen fühlte sich (zunächst) niemand so richtig verantwortlich für das Thema. Heute sind alle überzeugt von der Kooperation und die Zusammenarbeit läuft einwandfrei. Es kostete aber unnötige Energie, meine Mitarbeiter nachträglich abzuholen. Und ebendiese Energie hätte ich nicht investieren müssen, wenn ich meine Mitarbeiter in die Meetings geholt beziehungsweise ihnen ein Mitspracherecht bei der Entscheidung eingeräumt hätte.

Überzeugte Mitarbeiter nehmen mir die Überzeugungsarbeit ab

Denn der entscheidende Vorteil liegt auf der Hand. Wer zumindest einen Mitarbeiter früh ins Boot holt, der gewinnt damit einen Fürsprecher. Und ein Fürsprecher überzeugt seine Kollegen, die Kunden und

Geschäftspartner bereitwillig und verteidigt das Projekt eventuell sogar, wenn es unter Beschuss steht.

Idealerweise hat der Mitarbeiter das Gefühl, die Idee selbst entwickelt oder zumindest entscheidend an ihr mitgewirkt zu haben. Damit tun sich gerade kontrollfreudige Führungskräfte sehr schwer. Wenn sie ihre Mitarbeiter aber häufiger einfach mal machen lassen, werden sie feststellen, zu was sie fähig sind. Kontrollfreaks schneiden sich damit ins eigene Fleisch, dass sie ihre Mitarbeiter künstlich klein halten. Ich bin Fan einer sehr offenen und transparenten Unternehmenskultur, bei der meine Mitarbeiter möglichst viele Entscheidungen treffen können und sollen. Diese Einstellung ist nur logisch für mich, denn sie reduziert meinen Arbeitsaufwand.

4.6   Die Kunst des Delegierens

Angenommen, du müsstest mit deinem gesamten Hausrat in eine andere Stadt umziehen. Würdest du dann mehr Arbeit in die Strategie oder in die Umsetzung stecken? Während die einen nicht lange planen, sondern einfach mit dem Packen der Kisten beginnen, so vermeiden die anderen die Ausführung so lange, bis sie einen idealen Umsetzungsplan haben. Ebenso unterschiedlich sind die Ansätze bei der Frage, ob Hilfe in Anspruch genommen werden sollte. Manche telefonieren die komplette Kontaktliste durch, um jede nur erdenkliche Unterstützung zu organisieren, andere würden den Umzug am liebsten allein durchziehen, damit ihnen niemand auf den Senkel geht – im wahrsten Sinne der Redewendung.

Auch im Berufsalltag bewältigen wir Aufgaben auf sehr unterschiedliche Weisen, und doch stechen drei charakteristische Typen hervor.

Typ 1 – Eisbär: Der Eisbär ist ein territoriales Wesen, der es überhaupt nicht leiden kann, wenn ihm jemand in die Quere kommt. Aufgaben bewältigt er am liebsten allein und angebotene Hilfe lehnt er dankend ab. Seine Philosophie ist: »Danke, ist nett gemeint! In der Zeit, in der ich's dir erklären müsste, hab ich's längst erledigt.« Er würde auch nie auf die Idee kommen, etwas zu delegieren, weil es viel zu unwahrscheinlich wäre, dass der Aufgabenempfänger seinem Qualitätsanspruch gerecht würde. Hin und wieder müssen Eisbären Neulinge einarbeiten, was gefährlich werden kann. Werden die Aufgaben nicht exakt so erledigt, wie gewünscht, kann's schon mal die Pranke geben – im übertragenen Sinne, versteht sich.

Typ 2 – Wolf: Der Wolf funktioniert am besten im Rudel. Eigenständiges, abgekapseltes Arbeiten ist nicht seine Stärke. Er braucht den Beistand und die Bestätigung der Gruppe. Wenn er sich bei einer Aufgabe nicht sicher ist, fragt er lieber nach, bevor er etwas falsch macht. Er ist ein treues Wesen und weiß sich einer klaren Hierarchie unterzuordnen. Manchmal versucht er Aufgaben auf horizontaler Ebene abzuwälzen, was allerdings regelmäßig misslingt, weil sich das seine Kollegen nicht gefallen lassen. Im Gegensatz zum Eisbären arbeitet er aber sehr gern Neulinge ein, denn das ist so schön gesellig. Und außerdem hat er dann auch mal das Sagen.

Typ 3 – Bienenkönigin: Die Bienenkönigin sieht sich ganz klar an der Spitze der Hierarchie und hält überhaupt nichts von der Bearbeitung operativer Aufgaben. Sie würde am liebsten alles delegieren, auch die Toilettengänge. Wenn sie doch mal operativ ans Werk muss, ist der Prozess stets wichtiger als die reine Aufgabe. Während der Erledigung macht sie sich bereits Gedanken, wie sich die Schrittfolge dokumentieren und das Wissen bewahren lässt, damit die Aufgabe zukünftig andere erledigen können. Ihre Vision ist ein Stock voller emsiger Untertanen, der alles für sie erledigt, damit sie sich einzig und allein auf die Steuerung ihres getreuen Volkes konzentrieren kann.

Na, hast du dich bei einem Typ wiedergefunden? Zugegeben, das sind Extrembeispiele, und wahrscheinlich gibt es weit mehr Typen der Aufgabenbewältigung. Viel entscheidender ist aber die Frage, welchem Typ sich Führungskräfte annähern sollten.

Wenn Mitarbeiter plötzlich Führungskräfte sind

In der frühen Phase eines Startups sind Mitarbeiter Allrounder, da es viel mehr Aufgabenbereiche als Mitarbeiter gibt. Das ist eine stressige Phase, denn es existieren kaum Strukturen und trotzdem soll das Unternehmen wachsen. Das geht nur, indem alle Beteiligten über *sich* hinaus*wachsen*. Wenn dann das Business immer mehr an Fahrt gewinnt, werden in der Regel neue Mitarbeiter eingestellt. Cash ist da, weil erste Erfolge verbucht wurden. Die schon erwähnten Wachstumsschmerzen sind spürbar, die gleichzeitig sehr tückisch sind, wie wir festgestellt haben. Aber gehen wir davon aus, die Entscheidung wurde wohlüberlegt und anschließend Verstärkung eingestellt.

Dann kommt es irgendwann automatisch vor, dass Mitarbeiter zu Führungskräften aufsteigen. Sie befinden sich plötzlich in der komfortablen, aber eventuell auch befremdlichen Position, Arbeiten abzugeben, die sie vorher mit Bravour selbst erledigt haben. Sie könnten zwar Aufgaben delegieren, aber so einfach ist das logischerweise nicht. Zunächst müssten sie die neuen Mitarbeiter einarbeiten, ihnen genau erklären, wie und warum sie etwas machen oder gemacht haben. Das kostet erstens Einarbeitungszeit, zweitens ist es *ungewohnt* für die neuen Führungskräfte Verantwortung abzugeben. Und Gewohnheiten sind leider nicht so einfach abzulegen.

Aber man kann doch nicht alles delegieren

80 % aller Aufgaben sind delegierbar, das ist zumindest meine Meinung. Und wenn eine junge Führungskraft nicht zügig zu delegieren lernt, geht sie unter. Stell dir vor, in einem Unternehmen wird der beste Verkäufer plötzlich Teamleiter. Das Management hält das für eine gute Idee, denn wer könnte seinen Kollegen das Verkaufen

besser beibringen als der beste Verkäufer? Ein gängiger Gedanke und gleichzeitig ein weitverbreiteter Irrglaube. Oft ist die Vorstellung des Aufgestiegenen nämlich, dass er quasi mit der Power weiterverkaufen kann wie bisher und zusätzlich seine früheren Kollegen – die jetzt seine Mitarbeiter sind – hier und da ein bisschen steuert. Was glaubst du, wie die Nummer ausgeht? Wer gut verkaufen kann, ist noch lange keine gute Führungskraft. Umgekehrt ist eine gute Führungskraft nicht zwingend ein guter Verkäufer, obwohl das von den geführten Verkäufern oft erwartet wird: »Mein Chef kann doch gar nicht verkaufen, wieso sollte ich auf ihn hören?« Bevor wir dieses kontroverse Thema unnötig in die Länge ziehen, lass uns Folgendes festhalten. Eine *Führungs*-kraft …

… führt, steuert und entwickelt ihre Mitarbeiter.

… delegiert möglichst viele operative Aufgaben.

… benötigt ein solides Einarbeitungskonzept.

Mein Mitarbeiter aus dem Support tappt häufig in die Falle, unseren Kunden Standardfragen zu ihren Bestellungen zu beantworten. Auf mein Anraten, das einen Praktikanten erledigen zu lassen, sagt er: »Das habe ich in 10 Sekunden erledigt!« Stimmt, weil er fit darin ist und diese kurzen Nachrichten schon unzählige Male verschickt hat. Das kommt allerdings fünfzigmal am Tag vor, so geht in Summe eine Menge Zeit ins Land. Außerdem stellt es für ihn eine emotionale Belastung dar, wenn er permanent in das überfüllte Postfach blickt, das scheinbar nicht abzuarbeiten ist.

Früher habe ich das befreiende Gefühl unterschätzt, dass man verspürt, nachdem eine Aufgabe delegiert wurde. Sie ist aus meinen

Augen und belastet mich nicht mehr. Diese Gleichung geht natürlich nur auf, wenn der Mitarbeiter der Aufgabe gewachsen ist.

Ein Einarbeitungskonzept

Damit Mitarbeiter möglichst schnell auf Flughöhe kommen, muss schnell Wissen transportiert werden. Wir lassen viele operative Aufgaben, wie die Bestellabwicklung und den Kundenservice, von Praktikanten erledigen. Hierfür haben wir sämtliche Aktionen dokumentiert. Den Praktikanten dienen Guides, mithilfe derer sie von Schritt zu Schritt geleitet werden. Und weil die Fluktuation bei Praktikanten generell hoch ist, kann eine Führungskraft sogar noch ein Ass spielen: Sie lässt die »kommenden« Praktikanten von den »gehenden« einarbeiten. Dadurch kann sie den Einarbeitungsaufwand noch weiter reduzieren.

Außerdem haben wir mittlerweile Videoanleitungen für spezielle Themen. Darin wird zum Beispiel die Benutzung eines Grafiktools erklärt. Dadurch können sich die Praktikanten quasi selbst einarbeiten. Wenn etwas unklar ist, oder sich die Praktikanten unsicher sind, dann helfen selbstverständlich unsere Führungskräfte bei der Bewältigung der Aufgabe. Nicht, dass hier noch ein falsches Bild entsteht.

Die ultimative Führungskraft ist wohl eine Fusion aus Bienenkönigin, Eisbär und Wolf. Eine Eiswolfskönigin sozusagen. Da dieses Wesen in freier Wildbahn aber eher selten anzutreffen ist, sollten Führungskräfte den Ansatz der Bienenkönigin bevorzugen. Na gut, auf die Toilette können sie noch selbst gehen.

4.7   Gemeinsamer Erfolg macht doppelt Spaß

Es ist für die meisten Menschen aufregend, in einem jungen Unternehmen zu arbeiten. Es geht zwar hier und da chaotisch zu, aber dafür ist die Atmosphäre einmalig. Frisch, dynamisch, visionär und spaßig sind die Attribute, die einem Startup oft zugeschrieben werden. Mitarbeiter großer Konzerne sehnen sich oft danach: »Bei denen sieht die Arbeit gar nicht nach Arbeit aus. Die haben jeden Tag Spaß!«, hört man sie denken. Dabei wird gern etwas übersehen: Wenn sich nicht zügig Erfolge einstellen, ist der Spaß genauso zügig wieder vorbei. Ein fehlender Cashflow zwingt Gründer nämlich früher oder später zu Kündigungen.

Bei StudyHelp wollten anfangs viele junge Menschen arbeiten, die Sogwirkung war wirklich enorm. Das freute uns zunächst, also stellten wir munter ein. Eine Zeitlang hatten alle Spaß. Nur uns Gründern verging irgendwann das Lachen, als wir unseren Kontostand betrachteten. Die hohen Personalkosten wurden zum Problem, und so kam es zu den ersten Kündigungen. Es sollten noch mehrere Jahre und eine weitere Krise vergehen, bis wir das Problem endlich verstanden hatten: Wir bezahlten unsere Mitarbeiter für die Zeit, die sie bei uns absaßen, anstatt sie am Erfolg zu beteiligen. So schafften wir angenehme Arbeitsbedingungen, die ja grundsätzlich nicht zu verachten waren, in denen jedoch kein richtiger Erfolgshunger aufkam. Und das bezog sich nicht allein auf unsere Mitarbeiter, das galt für unsere Partner ebenso. Wir bezahlten teure Lizenzgebühren, die nur kurzfristig motivierten. Denn wie motiviert ist jemand, der seine Bezahlung im Voraus erhält?

Stell dir vor, du beauftragst eine Webagentur, die deine Internet-präsenz verbessern soll. Deine Sichtbarkeit bei einer bestimmten Suchmaschine ist zu schlecht. Deswegen gehen dir regelmäßig Kunden durch die Lappen, weil deine Konkurrenten weiter oben *gerankt* sind. Zur Überlegung stehen verschiedene Zahlungsmodelle:

a) 2.000 Euro im Voraus und dann mal sehen, was passiert.

b) 1.000 Euro im Voraus und 1.000 Euro später, nachdem dir die Agentur ein besseres Ranking nachgewiesen hat.

c) Einmalig 500 Euro. Zusätzlich wird die Agentur direkt am Erfolg beteiligt. Zum Beispiel: Wenn das Ranking sich nach einem Monat um x Plätze verbessert hat, erhält sie y Euro. Oder: Je x Klicks auf deiner Website erhält sie y Euro.

Für welches Modell würdest du dich entscheiden? Mir erscheint c) am cleversten, denn der Vorteil dieser Variante besteht darin, dass sie der Agentur einen echten Anreiz böte, deine Sichtbarkeit zu erhöhen. Die Agentur würde umso mehr verdienen, je besser deine Sichtbarkeit wäre, und sich dadurch zu deinem Partner entwickeln. Was gut für sie wäre, wäre auch gut für dich, denn mehr Traffic bedeutete mehr Kunden, mehr Kunden wiederum mehr Umsatz. Und wenn die Agentur infolgedessen eine überdurchschnittlich hohe Vergütung erhielte, wäre das doch nur fair, oder?

Leider wollen Agenturen, die bei uns anklopfen, von diesem erfolgsorientierten Deal nichts hören. Warum auch? Solange sie genügend Firmen finden, die ihre Zeit bezahlen, haben sie solche Anstrengungen ja gar nicht nötig. Sie verstehen zwar, dass sie mit Variante c) mehr Geld verdienen *könnten*, aber sie stören sich am Konjunktiv. Das

Risiko ist ihnen zu hoch. Aber genau dieses Risiko soll ich als Unternehmer eingehen? Erst verkaufen sie mir selbstbewusst ihr Talent, aber wenn sie dann mit ins Risiko gehen sollen, kneifen sie. Dabei sollte das doch eigentlich kein Problem sein, möge man meinen. Wenn ihre Arbeit wirklich so formidabel wäre, wie behauptet, stünde einer ergebnisbasierten Bezahlung nichts im Weg. Wenn die Agenturen plötzlich zurückrudern, zeigt das, dass sie selbst nicht an ihren Erfolg glauben. Sie wurden der Plapperei entlarvt.

Dabei kann eine Erfolgsbeteiligung die Motivation und die Eigeninitiative verstärken, sofern man sich darauf einlässt. Das haben wir zum Beispiel bei unseren Youtubern gemerkt. Seitdem wir keine jährlichen Lizenzgebühren mehr bezahlen, sondern sie direkt am Verkaufserfolg unserer Lernhefte beteiligen, ist ihre Motivation ungebremst, neue Videos zu produzieren. Wir verdienen, sie verdienen. Ich gönne es unseren Youtubern, dass sie dadurch teilweise ein fünfstelliges Monatseinkommen erwirtschaften.

Das sehen manche Firmen offenbar anders. Zwar vereinbaren viele Unternehmen mit ihren Verkäufern eine direkte Erfolgsbeteiligung, allerdings »deckeln« sie die Vergütung gleichzeitig. Bei Überschreiten einer bestimmten Umsatzschwelle wird zusätzlicher Erfolg nicht mehr belohnt. Solche Zwischenwege sind inkonsequent, denn die Mitarbeiter werden gleichzeitig motiviert und demotiviert. Der Verkäufer bekommt von seinem deckelnden Chef gefühlt eins auf den Deckel. Fair klingt das nicht. Von mir aus können unsere Mitarbeiter und Partner alle Millionäre werden, solange unsere Marge stimmt.

Die Kehrseite der Medaille

Natürlich hat diese erfolgsbeteiligte Vorgehensweise auch Nachteile. Beteiligte könnten demotiviert werden, wenn sich der gewünschte Erfolg nicht einstellt. Autoren, deren Lernhefte oder Bücher wir veröffentlichen, sind so ein Beispiel. Ihre Bezahlung erhalten sie ausschließlich erfolgsbezogen, ein Fixum gibt es nicht. Dadurch laufen wir natürlich Gefahr, sie zu verlieren, sofern ihre Produkte floppen. Und daher motivieren wir sie, ein weiteres Heft zu veröffentlichen, falls sich ein Erfolg mal nicht einstellt. Außerdem zeigen wir ihnen, dass wir ihr Partner sind, indem wir aggressives Marketing für ihre Produkte betreiben. Wir haben großes Interesse an ihrem Erfolg, da wir nur dann verdienen, wenn sich ihr Produkt verkauft. Das Risiko ist dadurch zwischen beiden Parteien ausgeglichen.

Ein weiterer Nachteil kann sich ergeben, wenn das Streben nach einer Erfolgsbeteiligung zu intensiv ist. Boni, Beteiligungen und Incentives sollten keine alleinigen Motivatoren sein. Ein Autor, der ein Lernheft über Mathe nur deshalb veröffentlicht, weil er schnelles Geld verdienen will, kann nicht langfristig motiviert bleiben. Ohne Leidenschaft motiviert Geld nur bedingt oder kurzfristig. Das ist auch keine besonders neue Erkenntnis, weshalb es umso fragwürdiger ist, dass viele Menschen allein danach zu streben scheinen.

Ungeachtet dieser Kehrseite überwiegen die Vorteile einer erfolgsbeteiligten Bezahlung ihre Nachteile aber bei weitem. Falls du da weiterhin skeptisch bist, stell dir doch die folgende Frage: Falls ein Mitarbeiter nicht erfolgsabhängig bezahlt werden möchte, lohnt es sich dann aus Unternehmersicht, ihn allein für seine Zeit zu bezahlen?

Die Bezahlung des Mitarbeiters muss ja keineswegs vollständig von seinem Beitrag zum Unternehmenserfolg abhängen. Es ist verständlich, dass das für die meisten Arbeitnehmer ein zu hohes Risiko bedeuten würde. Aber mithilfe von KPIs lässt sich doch für nahezu jede Position zumindest eine *anteilige* Vergütung auf Erfolgsbasis vereinbaren. Ein Maschinenbediener könnte zum Beispiel dafür belohnt werden, dass er einen geringen Ausschuss erzielt. Und ein Einkäufer könnte für das Verhandeln günstiger Konditionen belohnt werden. Würde das etwa ein so schlimmes Risiko für den Mitarbeiter bedeuten?

4.8 Gefährliche Ausnutzungserscheinungen

Es gibt einen Grundsatz, der nennt sich »quid pro quo«. Der ist lateinischen Ursprungs und bedeutet so viel wie »dies für das«. Jemand, der ihn verfolgt, gibt etwas, während er gleichzeitig etwas zurückverlangt. Ein menschliches Prinzip, auf dem im Übrigen die gesamte Ökonomie basiert.

Ein Frisör schneidet dir vermutlich nur die Haare, wenn er dafür Geld erhält. Vielleicht kannst du ihn auch in Naturalien oder Dienstleistungen bezahlen, aber irgendetwas wird er als Gegenleistung verlangen. Andernfalls wäre es ein reiner Freundschaftsdienst, und selbst bei dem wird irgendwo in den hinteren Hirnwindungen der Gedanke sitzen: »Ich helfe, damit mir irgendwann auch geholfen wird.« Selbstlose Samariter mögen das mitunter anders sehen.

Nun können wir davon ausgehen, dass sich unter Freunden und innerhalb der Familie solche Hilfeleistungen gegenseitig ausgleichen. Bei einer temporären Unausgeglichenheit drücken wir schon mal ein Auge zu, denn die Vergangenheit hat gezeigt, dass irgendwann etwas zurückkommen wird. Doch in Geschäftsbeziehungen ist das anders: Da kann sich die Sache schnell einseitig entwickeln, weshalb wir auf *Ausnutzungserscheinungen* achten sollten.

Gegenleistungen sind Verhandlungssache

»Daniel, hast du mal eine Stunde Zeit für ein Telefonat? Ich bräuchte mal deinen Rat zum Thema Gründung.« So in etwa wurde ich regelmäßig von meinem beruflichen Umfeld angesprochen. Eine Zeitlang war ich die kostenlose Beratungshotline für Gründungsinteressierte. Klar, es war ein tolles Gefühl, wenn die Leute mich um Rat baten. Und vermutlich machte ich es auch deshalb so gerne – ohne Gegenleistung. Doch an einem gewissen Punkt zog ich Bilanz aus diesen ganzen Gesprächen und fragte mich: »Was haben mir die Anrufer für meine Dienste zurückgegeben?« Die Antwort lautete: »Leider ziemlich wenig.« Als ich mir dessen bewusst wurde, fühlte ich mich ausgenutzt.

Und deshalb definierte ich eine kleine Veränderung in meiner *Non-Profit-Consulting-Agency*: Ich beriet die Leute zwar weiterhin bereitwillig, forderte aber von nun an Gegenleistungen. Das waren meist profane Dinge wie eine Amazon-Bewertung zu einem unserer Produkte oder zwei Mettbrötchen. Ja, ganz recht: Für ein einstündiges Beratungsgespräch forderte ich ein Bauarbeiterfrühstück. Bevor du dich über meinen Stundenlohn totlachst, so sei angemerkt, dass es sich um sehr hochwertiges Biofleisch vom Metzger handelte, das meinem Magen als Wertschätzung genügte. Falls du jetzt deine Chance gewittert hast: Seit der kürzlich begonnenen Grillsaison gilt ein neuer Deal: Zwei Nackensteaks in Paprikamarinade für ein signiertes Exemplar dieses Buchs. Aber bitte nicht vom Discounter, sonst unterschreibe ich nur zur Hälfte.

Da mir nicht jeder mit einer spontanen Köstlichkeit dienen kann, bitte ich die Hilfsbedürftigen manchmal erst zu einem viel späteren Zeitpunkt um eine Gegenleistung. Geeignet ist alles, was in irgendeiner Weise einen Nutzen für mich oder meine Firma stiftet. Wer mir jetzt vorwirft, ich wäre stark auf meinem eigenen Vorteil bedacht, der möge doch bitte zuvor sein eigenes Verhalten kritisch reflektieren. Wie *selbstlos* bietest du deine Dienste an, wenn es sich um keinen engen Freund oder die Familie handelt?

Mit dem Erfolg und der Bekanntheit steigt das Ausnutzungsrisiko

Einem befreundeten Youtuber erging es ähnlich. Je höher die Anzahl seiner Follower stieg, desto mehr Ratsuchende klopften an seine Tür. Er solle doch bitte ihr Produkt in einem Video erwähnen, solle dies »schnell mal« posten und jenes schnell mal tun. Auch er gab lange Zeit, ohne zu nehmen, bis er merkte, dass die Leute selten unaufgefordert etwas zurückgaben. Zu optimistisch war seine Prognose, was vielen von uns ähnlich geht. Wir glauben an das Gute in den Menschen, an das innewohnende Prinzip des Ausgleichs. Das soll nicht heißen, dass die Leute böswillig einseitig denken. Eher verschätzen sie sich beim Wert der Hilfe, die sie einfordern, oder sie vergessen schlichtweg, dass ihnen mal geholfen wurde. Vielleicht hatten sie zwischenzeitlich zu viel um die Ohren, bis irgendwann der Gedanke kam: »Ach ja, ich wollte da ja noch was tun. Aber jetzt ist es bestimmt schon zu spät.«

Daher liegt es an jedem von uns, Gegenleistungen zu fordern, und dabei muss man sich keineswegs schlecht fühlen. Schließlich fragen die meisten Menschen doch in erster Linie des persönlichen Erfolgs wegen um Hilfe, weshalb es keine Schande ist, zeitgleich an das eigene Wohl zu denken. Und dass wir uns nicht falsch verstehen: Es liegt ebenfalls an jedem von uns, anderen Menschen unaufgefordert eine Gegenleistung anzubieten, wenn sie uns etwas Gutes getan haben. Wer regelmäßig so verfährt, der erhöht tatsächlich die Chance, dass die Ratsuchenden automatisch etwas zurückgeben. Eben, weil sie überzeugt wurden, dass für alle das Quid-pro-quo-Prinzip gelten sollte.

4.9 Ehrliche Meinungen sind wie ein Kompass

Im Jahr 2012 ging der Drogeriekonzern Schlecker pleite. Anton Schlecker betrieb sein Unternehmen seit den 1970er-Jahren als eingetragener Kaufmann und zog auch später keine Kapitalgesellschaft als Geschäftsform vor. Über das Warum können wir nur mutmaßen, aber es scheint, als wollte er möglichst wenige Informationen preisgeben – und dafür ist ein Handelsregistereintrag definitiv kontraproduktiv. Die Betriebsratsvorsitzende habe ihn jedenfalls in all den Jahren nie persönlich kennengelernt, hieß es. Mit dieser bemerkenswerten Unsichtbarkeit hätte er sich zwar die Hauptrolle in der Neuverfilmung des »Hollow Man« verdient, aber ob sie auch aus Managementsicht auszeichnungswürdig ist, dürfte bezweifelt werden. Als größte Managementfehler werden Schlecker die Ignoranz gegenüber Mitbewerbern wie *Müller*, *dm* und *Rossmann* und eine allgemeine »Beratungsresistenz« vorgeworfen. Vermutlich ist dem Patriarchen deshalb lange Zeit gar nicht aufgefallen, wie es um die Stimmung seiner Mitarbeiter bestellt war.[32]

Eines hätte ihm aber klar sein müssen: Wenn sich in einem hierarchisch geführten Unternehmen nur noch die wenigsten trauen, ihre wahre Meinung zu äußern, und diese wenigen Meinungen dann auch noch ignoriert werden, dann erzeugen Geschäftsführer damit eine »Kulturstrophe«. Davon merken sie aber lange Zeit kaum etwas. Denn ganz oben kommt ja irgendein Bild an, das nur leider mit der Realität nicht mehr viel zu tun. Infolgedessen verlässt die Firma ihren Kurs und begibt sich auf eine Irrfahrt, die irgendwann vor einer Wand enden kann, wie der Fall Schlecker beweist.

Stattdessen sollten ehrliche Meinungen und Kritiken für die Firma wie ein Kompass wirken. Dafür müssen sie aber erhört werden, und das kann schmerzhaft sein. Wahrscheinlich tun wir uns gerade deshalb mit der Kritik anderer so schwer, weil unbedachte, forsche Worte unsere Ehre verletzen können. Dieses Verletzungsrisiko hielt auch mich lange Zeit davon ab, eine klare Meinung zu äußern. Ich wollte meine Gegenüber nicht kränken und ebenso wenig gekränkt werden. Wie ich bereits zugebenen habe, ist mir Wertschätzung ein wichtiges Bedürfnis. Und weil ich diese Wertschätzung nicht aufs Spiel setzen wollte, behielt ich meine Meinung oft für mich. Solange jedoch Probleme verschwiegen werden, verändert sich auch nichts zum Besseren. Es gibt zwar dieses alte Sprichwort: »Reden ist Silber, Schweigen ist Gold«, aber meines Erachtens ist *wirksames* Reden Platin.

Hierzu ein privates Beispiel, mit dem ich mich wahrscheinlich nicht sehr beliebt mache: Neulich wurden meine Brüder und ich von meiner Mutter bekocht. Ich möchte betonen, dass meine Mutter die beste Köchin ist, die ich kenne. Wie es für eine Köchin üblich ist, fragte sie uns im Anschluss wie es denn geschmeckt habe. Ich weiß, was du jetzt denkst. Wer in den Genuss kommt, bekocht zu werden, der sollte die Köchin loben, aber sie keineswegs kritisieren. Nicht zuletzt aus taktischen Gründen. Doch mein Bruder ging in dieser Hinsicht anders vor. Er sagte unvermittelt, dass dem Kartoffelsalat[*] weniger Natriumchlorid gut täte. Wie du dir vorstellen kannst, führte das zu bloßem Entsetzen. Dabei war seine Absicht keineswegs unhöflicher oder gar beleidigender Natur, und er hätte vermutlich auch den Rand gehalten, sofern er nicht nach seiner Meinung gefragt worden wäre. Auf

---

[*] In der Zukunft möchte ich Mutters Kartoffelsalat vermarkten. Vorläufiger Arbeitstitel: »Siggis Kartoffelsalat«

eine direkte Frage hingegen sollte aber eine ehrliche Antwort folgen. Er sieht keine Logik darin, ein Problem zu verschweigen: »Wem soll ein gewahrter Schein etwas nützen? Daraus würde doch das falsche Resümee gezogen, dass das Gericht exakt so noch mal gekocht werden könne. Und das würde das Problem doch bloß in die Zukunft verlagern, oder?«

Dabei kommt es selbstverständlich auf die Art und Weise der Kritik an. Wer Meinungen nicht nur folgerichtig, sondern auch möglichst schmerzfrei transportieren möchte, der könnte sich des Modells der »gewaltfreien Kommunikation« von Marshall B. Rosenberg bedienen. Es basiert auf vier einfachen Schritten, anhand derer ein Verbesserungsvorschlag geordnet wird: (1) Beobachtung, (2) Gefühl, (3) Bedürfnis, (4) Bitte.[33]

Ich bin mir sicher, wenn sich mein Bruder dieses cleveren Modells bedient hätte, so wäre das Beleidigungsrisiko deutlich geringer ausgefallen. Spielen wir das anhand eines Gedankenexperiments rasch durch:

1) **Beobachtung:**
   Der Kartoffelsalat schmeckt heute ein wenig extravagant. Hochinteressant!

2) **Gefühl:**
   Mich dünkt, dass die Konzentration an Natriumchlorid in der heutigen Charge ungewöhnlich hoch ist. Wirklich reizend für meinen gustatorischen Sinn.

3) **Bedürfnis:**

Hauptsächlich aus nostalgischen Gründen sehne ich mir die frühere Rezeptur herbei – Neuerungen steht mein Magen stets skeptisch gegenüber.

4) **Bitte:**

Liebe Köchin, wäre es im Bereich des Möglichen, den Natriumchlorid-Spender für das nächste Mal neu zu kalibrieren? Ich gehe doch recht in der Annahme, dass es sich um ein technisches Problem handelte?

Dieses Modell ist theoretisch sehr einfach – in der Anwendung zugebenermaßen schon schwieriger. Alles andere wäre doch aber langweilig, denn auch hier gilt das Prinzip: »Einmal ist keinmal.« Und falls dieses Exempel und der Verweis auf mein Axiom die Kritikrate in deutschen Küchen eklatant erhöhen sollte, so bitte ich bereits hier für jedweden ungebührlichen Kommentar um Verzeihung!

Anleitung zur gewaltfreien Kommunikation

Schluss – wie geht's weiter?

Leider muss ich dich enttäuschen, falls du an dieser Stelle ein Schluss-wort im herkömmlichen Sinne erwartest. Das Abschiednehmen liegt mir nicht besonders, ich bin besser darin, weiterzumachen und ver-rückte Ideen umzusetzen. Und weil der *ForwardVerlag* noch so frisch ist, dass man ihn als Sushi anpreisen könnte, nutze ich die letzten Zei-len lieber als Stellengesuch. Der Verlag hat nämlich dringenden Be-darf an Büchernachschub, den nur eine emsige Gefolgschaft von Au-toren liefern kann.

Wir suchen dich, wenn:

- Du der deutschen Sprache nach Möglichkeit so mächtig bist, dass deine Texte bei Lesern nicht das Bedürfnis auslösen, direkt in die Sonne zu blicken.
- Du zwischen 18 und 180 Jahren alt bist.
- Du irgendeines (oder keines) Geschlechts bist.
- Du vor frischen Ideen übersprudelst.
- Du gern für Leistung bezahlt wirst.
- Du schon zu machen anfängst, während du noch nachdenkst.
- Du schon immer ein Sachbuch oder einen Ratgeber zu einem der folgenden Themen schreiben wolltest: Persönlichkeitsent-wicklung, finanzielle Intelligenz, Allgemeinbildung.

Unser Angebot:

- Ein authentisches, dynamisches und mittlerweile nicht mehr ganz so junges Team.
- Eine Kommunikation auf Augenhöhe.

- Begleitung deines Projekts: Von der ersten Idee bis zum druckfertigen Manuskript.
- Lektorat und Korrektorat
- Marketingpower, um dein Produkt voranzubringen.

Sofern du dich angesprochen fühlst, lass uns bitte ein 50-seitigen Exposé deiner Buch-Idee zukommen. Wir melden uns dann binnen der nächsten 12 Monate bei dir. Spaß! Ruf uns an oder schreib uns eine kurze E-Mail*, in der du uns deine Idee schilderst. Wir melden uns zackig bei dir.

In diesem Sinne alles Gute und viel Erfolg für die Zukunft! Hoffentlich hören wir voneinander.

Deine Bewerbung als Autor

---

* E-Mail an: forwardverlag@studyhelp.de

Danksagung

An diesem Buch haben einige Menschen direkt oder indirekt mitgewirkt, worüber ich mich sehr freue. Mein Dank gilt …

- … meiner Verlobten Christina, die immer an meiner Seite steht, die ich über alles liebe und die, wenn dieses Buch veröffentlicht wurde, bereits meine Ehefrau ist.
- … meinen Eltern Max und Sieglinde Weiner, die immer für mich da sind und mich bei meinen verrückten Ideen unterstützen. Außerdem danke ich meinem Bruder Marc Weiner und Ehefrau Carmen mit Kindern Letizia, Marceline und Timon sowie meinem Bruder Christian Weiner und seiner Lebensgefährtin Anja. Auch danke an meine Schwiegereltern Addi & Dette und Hund Emy sowie Schwager*in Christina und Michael, die immer für mich da sind.
- … Tante Elli und Onkel Kurt sowie den »Soestern« Tante Karin, Tante Helga, die Onkel Horsts und an Cousin Patrick und Cousinen Kathrin und Janine mit all ihren Familien.
- … Christian Gaschler alias Gaschi, ohne dessen Hilfe das Buch niemals entstanden wäre.
- … meinen Weggefährten Carlo Oberkönig, Maximilian Fleitmann und Julian Droste, die durch ihr Handeln, ihren Einsatz und auch durch ihre teils anderen Ansichten entweder mein Mindset verändert oder bestärkt haben. Max und Julian sind heute zwar nicht mehr mit an Bord, aber sie sind großartige Unternehmer und man wird noch viel von ihnen hören.

- … meinem großartigen Team, das Berge versetzen kann. Mit diesem Team ist alles möglich: Patrick Burmann, Jasmine Messarius, Patrick Kapellen, Peter Vorat, Niklas Bräutigam, Erkut Catakli, Marcel Jäger, Jacqueline Merklinger. Wobei »Team« untertrieben ist, das Team ist zu meiner Familie geworden.

- … den vielen Autoren und Dozenten, die unsere Dienstleistung verkörpern. Hervorheben möchte ich hier Andreas Fütterer (mehr Kurse hat noch niemand gegeben), Tobias Lahme, mit dem die Uni-Kurse starteten, und Nils Littmann.

- … unseren Praktikanten, die mit mir den *ForwardVerlag* und das Buch vorangebracht haben. Lea Janzen, ohne sie gäbe es nicht den Instagram-Kanal *forward.verlag*, Emmylou Unger, ohne sie nicht die großartigen Bilder, und Ahmet Aydincan, Stefan Benteler und Julia Brunnert, ohne sie nicht das Feedback und die Strategie der nächsten Schritte.

- … meinem Geschäftspartner Daniel Jung, mit dem mich über die Geschäftsebene hinaus auch eine Freundschaft verbindet und mit dem ich gemeinsam immer den Traum hatte, die Bildung zu verändern. Heute tun wir es, Daniel!

- … allen Gesellschaftern & Investoren von StudyHelp. Dazu gehört der *Technologiefonds OWL* von *Enjoy Venture* mit Stefan Bölte, Wolfgang Lubert, Dr. Peter Wolff, die auch in schweren Zeiten immer hinter uns standen.

- … Kai Schmidt alias *Lehrerschmidt*, der erst 2021 zur StudyHelp-Familie gestoßen ist, es mir aber bereits vorkommt, als wäre er schon immer dabei gewesen.

- … Olli von *DieMerkhilfe*, mit dem wir die coolsten Ideen umgesetzt haben.

- … Andreas Schneider von *Mathebibel*, der heute zu unseren Gesellschaftern gehört. Ich komme immer wieder gerne zu dir nach Malaga!

- … Nicolas Klupack alias *MatheNick*, der ebenfalls 2021 dazu gestoßen ist und ein cooler Unternehmer der Branche ist.

- … Prof. Dr. Bonnet von *Welt der Werkstoffe*, der unsere StudyHelp-Familie in Kürze ergänzen wird.

- … *Eduvation*, mit den Köpfen Tobias Himmerich und Bernd Dumser, die uns ebenfalls immer unterstützen. Tobias, vielen Dank, dass ich dich jederzeit anrufen kann. Benedikt Link von *Neue Masche*. Anja Hagen, Peter Wetzel, Thomas Klocke, Filip Lyncker und Patrick Schmidt von *Brainyoo*, mit denen jede Messe legendär wird. Stefan Siegl von *Schoolfox* und Thomas Quadbeck von *Klassenreisen.de*.

- … Volker Bastert, der als Steuerberater startete, zum atypisch stillen Beteiligten wurde und heute einfach ein Freund ist.

- … den vielen Partnern wie Andreas Durth und Lorenz Haase vom *Studienkreis*, mit denen die Telefonate immer Highlights sind.

- … Stephan Bayer von *sofatutor*. Aktuell haben wir zwar weniger miteinander zu tun, aber wir hatten immer einen tollen Austausch!

- … Benedikt Bergner von *studyflix*, mit dem ich regelmäßig telefoniere.

- … Thomas Hoppe von *Schülerkarriere*.

- … Rubin Lind von *Skills4School* und Daniel Zacharias von *Sdui*, die mir beide schon beim Event *EO GSEA* als Jury-Mitglieder geholfen haben.

- … Daniel Krahn von *Urlaubsguru*, der mich ebenfalls stark unternehmerisch inspiriert hat und der die gleiche Fußballleidenschaft pflegt.
- … *TecUP* und *Garage 33*, die mich immer mit Büro, Kontakten, Netzwerk oder beim Öffnen von Türen unterstützt haben. Besonderer Dank an Prof. Dr. Rüdiger Kabst und Prof. Dr. Sebastian Vogt, die Paderborn zur Gründerstadt machen! Dabei hat jeder Gründer hier aus der Region geholfen, mein Mindset zu schärfen.
- … der Gründerstadt Paderborn und der Gründerregion OWL.
- … *Founders Foundation* aus Bielefeld. Mit Sebastian Borek und Dominik Gross entsteht dort Großes: Ich spreche mittlerweile nur noch vom *Silicon OWL*.
- … der Sparkasse Paderborn-Detmold mit Udo Neisens, die dem »Zukunfts-Dan« die Wichtigkeit der Zahlen immer wieder vor Augen führten und uns als Werbegesichter für eine Imagekampagne aussuchten.
- … meinen Kollegen aus dem Vorstand und Aufsichtsrat von *Rot Weiss Ahlen*, wo ich ganz neue Eindrücke gewinnen durfte: Heinz-Jürgen Gosda, Dirk Neuhaus, Gero Strömer, Gilbert Wamba, Veit Scholdra, Dieter Kupfernagel, Martin Huerkamp sowie Stephan Tantow. Auch die *rot-weißen* Wegbegleiter und Ehrenamtlichen Alexander Haak, Dennis Tönnemann, K. S. Baumanns, David Schneller, Bent Gosda und Mike Pähler.
- … Ralph Driller, weil er mir in den schwärzesten Zeiten zur Seite Stand und mir der unternehmerische und freundschaftliche Austausch mehr als guttat.

- … meinen Jungs aus der *Entrepreneurs' Organization*, die ich wegen der Verpflichtung zur Verschwiegenheit nicht nennen kann. Es ist also doch 'ne Sekte!

- … meiner ehemaligen Mitbewohnerin Stephanie Blome, die gefühlt das externe weibliche Mitglied der *PPC* war.

- … der legendären *PPC*: Fabian Ipsch, Yasar Yurtserver, Carlo Oberkönig, Fabian Günter, Martin Schulte-Hötte, Julian Berger, Thomas Oblegor, Markus Schulte, Mario Seidl (der mich bei meinen allerersten Schritten bei StudyHelp begleitete und die Statistik-Kurse groß gemacht hat; dank dir Mario!), Robin Kroll, Peer Bausch, Moritz Laukamp, Julian Droste, Maximilian Fleitmann, Max Stallmeister, Vincent Hanke und Jonas Thiele.

- … Christian Wagner und Benedikt Schotten.

- … allen weiteren Menschen, die bisher ungenannt blieben, die ich auf meiner Reise kennenlernen durfte und die mich inspiriert und beeinflusst haben. Ihr habt alle in gewisser Weise dafür gesorgt, dass dieses Buch entstehen konnte.

- … abschließend auch noch der *Wing UPB*: Alexander Grübel, Martin Rabe, Niklas Verhoff alias »der Professor«, Damir Hrnjadovic (der mit *studygood* sogar für Konkurrenz sorgte), Christian Gaschler, Felix Ruhmann, Simon Kimmeyer, Jonathan Röske, Mariusz Dawidowicz, Jan Loos, Arne von Ohlen, Tobias Mittag und Christian Dülme. Es war ein harter Kampf um die Herrschaft der Coolness an der Uni Paderborn und ihr wart ein würdiger Gegner. Aber diese Rivalität zwischen *PPC* und *Wing UPB* könnte nun langsam mal enden!

Quellen

1 YouTube^DE, »*Der Goldene Umberto für Kevin - Teil 2* | *#Thro-backThursday* | *Circus HalliGalli* | *ProSieben*«, abgerufen am 08.04.21 von https://www.youtube.com/watch?v=fxNWUNSVf58.

2 KunterRund, »*60 Zitate von Seneca, dem Meister weise Lebenskunst*«, abgerufen am 15.01.21 von https://www.kunterrund.de/60-zitate-seneca/.

3 Studienscheiss, »*99 Zitate von Albert Einstein übers Lernen, Lieben und Leben*«, abgerufen am 15.01.21 von https://www.studienscheiss.de/zitate-albert-einstein/.

4 Wirschaftswoche Gründer, »*Umfrage: Sicherheitsbedürfnis lähmt Gründergeist*« abgerufen am 27.01.21 von https://gruender.wiwo.de/umfrage-sicherheitsbeduerfnis-laehmt-gruendergeist/.

5 Business Insider, »*Dr. Oetkers Milliarden-Deal: Die 6 wichtigsten Fragen zum Kauf des Getränkelieferdienstes Flaschenpost*«, abgerufen am 27.01.21 von https://www.businessinsider.de/wirtschaft/startups/dr-oetkers-milliarden-deal-6-wichtigsten-fragen-zum-kauf-des-getraenkelieferdienstes-flaschenpost/.

6 Dr. Daniela Blickhahn, »*Psychische Grundbedürfnisse- und warum Maslow nie an eine Pyramide gedacht hat*«, erschienen in: *Inntal Institut*, 29.04.2020, https://www.inntal-institut.de/blog/psychische-grundbeduerfnisse-und-warum-maslow-nie-eine-pyramide-gedacht-hat.

7 Dr. Jan Höpker, »*Die Maslowsche Bedürfnispyramide – Was brauchst du wirklich?*«, 20.04.2020, erschienen in: *HabitGym*, https://www.habitgym.de/maslowsche-beduerfnispyramide/.

8 HirnPuls, »Wertschätzung – So viel mehr als Lob«, abgerufen am 21.01.21 von https://hirnpuls.de/wertschaetzung-anerkennung-lob/.

9 GDV Die deutschen Versicherer, »*Zahlen & Fakten*«, abgerufen am 05.01.21 von https://www.gdv.de/de/zahlen-und-fakten/versicherungsbereiche/ueberblick-4580#Versicherungsbeitraege.

10 Resilienz Akademie, »*Somatische Marker – resilienter entscheiden*«, abgerufen am 19.01.21 von https://www.resilienz-akademie.com/somatische-marker-resilienter-entscheiden/.

11 Karrierebibel.de, »*Komfortzone verlassen: 12 einfache Tipps für den Alltag*«, abgerufen am 20.02.21 von https://karrierebibel.de/komfortzone-verlassen/.

12 Wikipedia, »*Wirecard*«, abgerufen am 08.01.21 von https://de.wikipedia.org/wiki/Wirecard.

13 Deutschland Startet Die Initiative Für Existenzgründer., »*Barter-Deal*«, abgerufen am 11.01.21 von https://www.deutschland-startet.de/barter-deal/.

14 Reisetopia, »*TUI rechnet mit normalem Sommer*«, abgerufen am 08.01.21 von https://reisetopia.de/news/tui-sommer-prognose-2021/.

15 Gutezitate, »*Zitate von Gotthold Ephraim Lessing*«, abgerufen am 19.01.21 von https://gutezitate.com/zitat/116982.

16 Aphorismen.de, »*Zitat zum Thema: Schwierigkeiten, schwierig*«, abgerufen vom 19.01.21 von https://www.aphorismen.de/zitat/65.

17 DWDS, »*Ziel, das*«, abgerufen am 14.01.21 von
https://www.dwds.de/wb/Ziel.

18 Manager Magazin, »*Arbeiten in der Start-up-Welt – Das Blendwerk der Möchtegern-Stars*«, abgerufen am 19.12.20 von
https://www.manager-magazin.de/lifestyle/artikel/start-up-szene-new-work-arbeitswelt-ist-oft-eine-schoene-neue-schein-welt-a-1264963.html.

19 GRIN, »*Dell - Die Erfolgsgeschichte: Branchenanalyse und Aufbau strategischer Erfolgspositionen*«, abgerufen am 14.01.21 *von*
https://www.grin.com/document/18122.

20 Catrin Bialek, »*Abo-Modelle sind die Zukunft vieler Unternehmen*«, erschienen in: *Handelsblatt*, https://www.handelsblatt.com/meinung/kommentare/kommentar-abo-modelle-sind-die-zukunft-vieler-unternehmen/26291408.html?ticket=ST-13515988-P4PdqOraPrbn4buLQqdi-ap3.

21 Carsten K. Rath, »*Deutschland braucht eine neue Fehlerkultur*«, 28.06.2018, erschienen in: *Welt*, https://www.welt.de/wirtschaft/bilanz/article178370014/Unternehmensfuehrung-Deutschland-braucht-eine-neue-Fehlerkultur.html.

22 ARIVA.DE, »*PepsiCo Fundamentaldaten*«, abgerufen am 26.02.21 von https://www.ariva.de/pepsico-aktie/bilanz-guv.

23 Alexandra Jankowiak, »*Rechnungen aus dem Ausland: Buchhaltung bei internationalen Kunden*«, erschienen in: *Gründer.de*, https://www.gruender.de/buchhaltung/rechnungen-ausland/#mehrwertsteuer-ausland-lieferung-an-unternehmen.

24 Gutzitiert, »*Charles de Gaulle über Entscheidung*«, abgerufen am 20.01.21 von https://www.gutzitiert.de/zitat_autor_charles_de_gaulle_thema_entscheidung_zitat_7181.html.

25 Zitate.eu, »*Zitate von Aristoteles*« abgerufen am 20.01.21 von https://www.zitate.eu/autor/aristoteles-zitate/88994.

26 DWDS, »dringend«, abgerufen von https://www.dwds.de/wb/dringend.

27 DWDS, »wichtig«, abgerufen von https://www.dwds.de/wb/wichtig.

28 Drake Baer, »*Dwight Eisenhower Nailed A Major Insight About Productivity*«, 10.04.14, erschienen in: *Businessinsider*, https://www.businessinsider.com/dwight-eisenhower-nailed-a-major-insight-about-productivity-2014-4?r=DE&IR=T.

29 Christian Honey, »*Die Macht des Kaffees und der Zigaretten*«, 01.03.2016, erschienen in: *Spektrum.de*, https://www.spektrum.de/news/sucht-und-gewohnheit-im-gehirn/1399787.

30 Fredmund Malik, »*Führen Leisten Leben, Wirksames Management für eine neue Welt*«, Frankfurt am Main, 2014, S. 11.

31 www.Zitate.de, »*"Management"*«, abgerufen am 20.01.21 von https://www.zitate.de/kategorie/Management.

32 Business Insider, »*Wie Anton Schlecker durch einen typischen Management-Fehler sein Imperium verlor*«, abgerufen am 30.01.21 von https://www.businessinsider.de/wirtschaft/schlecker-pleite-die-ursache-war-ein-typischer-management-fehler-2019-10/.

33 GEO, »*Gewaltfreie Kommunikation – Wie man sich im Streit höflich, aber bestimmt ausdrückt.*« «https://www.geo.de/wissen/gesundheit/16296-rtkl-gewaltfreie-kommunikation-wie-man-sich-im-streit-hoeflich-aber-bestimmt